ビジュアル
テキスト
環境法

上智大学環境法教授団 編

北村 喜宣　　大橋 真由美

織 朱實　　　越智 敏裕

筑紫 圭一　　桑原 勇進

梅村 悠　　　堀口 健夫

"Visual" Textbook of Environmental Law

有斐閣

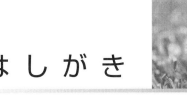

Preface

はしがき

　上智大学は，法学部に地球環境法学科を設置し，大学院に地球環境学研究科を設置している。そこには，環境法を専門領域のひとつとする教員が8名在籍している。どちらかといえば小規模の大学ながら，環境法スタッフの数は日本で一番多い。専門領域を環境政策にまで拡げると，さらに多くのスタッフがいる。

　それぞれの組織における「最初の環境法科目」で使用することを前提に執筆されたのが，本書『ビジュアルテキスト環境法』である。同じ大学の環境法教員8名だけで執筆された書物は，（おそらく地球上には，）本書をおいてほかにない。

　ビジュアルテキスト・シリーズのコンセプトを踏まえて，多くの資料を掲載した。体系性に欠ける面はあるが，「はじめの一冊」として，環境法への関心を学生にもってもらうよう，わかりやすい記述に努めた。同じ状況にある大学においても，活用していただけることを期待している。

　現在世代の私たちのまわりにあるこの環境は，前の世代から受け継いだものである。そして，次の世代に受け渡すものである。「前世代がきちんと対応しなかったから今の私たちが苦しんでいるのだよね」と思わせてしまうのでは，次世代に対して恥ずかしい。「何とかして今以上にいい環境を次世代に継承したい」という思いは，読者の皆さんも執筆者の私たちも共有している。学生も教員も，良好な環境づくりを次世代から受託している現在世代の一員である。『ビジュアルテキスト環境法』を一緒に使い，本書で説明されている内容を一緒に考えることによって，次世代からの受託にこたえるべく，環境法の世界への第一歩を踏み出そう。

　本書の企画および編集にあたっては，有斐閣書籍編集部の藤本依子さん，五島圭司さん，荻野純茄さん，藤原達彦さんのお世話になった。読者目線での厳しい注文にこたえるのはたいへんではあったけれども，そのおかげで，これまでにはなかった環境法入門書が完成した。ともに出版をよろこびたい。

　2020年 菜の花が眩しい季節に

上智大学環境法教授団を代表して

北 村 喜 宣

Contents

ビジュアルテキスト環境法　目　次

Authors

上智大学環境法教授団

Sophia Corps of Environmental Law Professors

右から
北村　喜宣（きたむら・よしのぶ）　　　上智大学法学部・法科大学院教授（*Chapter 1*）
越智　敏裕（おち・としひろ）　　　　　上智大学法科大学院教授（*Chapters 6 & 7*）
桑原　勇進（くわはら・ゆうしん）　　　上智大学法学部・法科大学院教授（*Chapters 10 & 11*）
織　　朱實（おり・あけみ）　　　　　　上智大学大学院地球環境学研究科教授（*Chapters 4 & 5*）

左から
筑紫　圭一（ちくし・けいいち）　　　　上智大学法学部教授（*Chapters 8 & 9*）
梅村　　悠（うめむら・ゆう）　　　　　上智大学法学部・法科大学院教授（*Chapters 12 & 13*）
堀口　健夫（ほりぐち・たけお）　　　　上智大学法学部教授（*Chapters 14 & 15*）
大橋　真由美（おおはし・まゆみ）　　　上智大学法学部教授（*Chapters 2 & 3*）

④

③

①

⑤

②

⑥

C-1 環境法が対象とする多様な事象

①宇宙からみた地球→②熱帯雨林→③野生動物→④国立公園→⑤歴史的景観→⑥ステーションに置かれたゴミ袋。環境法の対象となる「環境」は、マクロからミクロまで壮大に広がっている。⇒**Chapter 1**

① （写真：NASA）
② （写真：NASA）
③ （写真：©Keiko Tsunoda）
④ （写真：環境省）
⑤ （写真：時事通信フォト）

C-2 まことちゃんハウス

東京都武蔵野市にある漫画家・楳図かずお氏の自宅。目立つ配色が住宅街の景観を破壊するとして、近隣住民から外壁の撤去などを求める訴訟が提起された。
⇨*Chapter 1* **4**, *Chapter 7* **3**

C-3 国立マンション

東京都国立市、通称「大学通り」の美しい並木からのぞく巨大なマンション。マンションの建設と景観の保護などを巡って、近隣住民・行政・マンション業者の間で様々な訴訟が展開された。⇨*Chapter 2* **1**(4), *Chapter 7* **3**

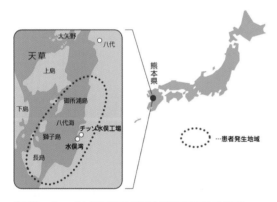

（写真：朝日新聞社／時事通信フォト）

C-4 チッソ水俣工場の位置と当時の工場の様子

チッソ水俣工場から熊本県水俣湾に排出されたメチル水銀化合物は、海水と魚介類を汚染し、摂取した住民に中毒性の神経疾患（水俣病）を引き起こした。⇨*Chapter 3* **3**(1)

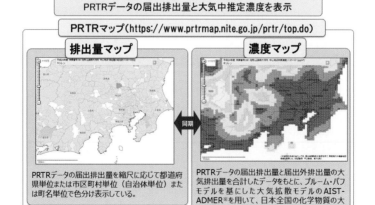

（資料：NITE）

C-5 PRTRマップ

多種多様な化学物質について、どのような発生源からどれくらいの量が環境中に排出されたか、あるいは廃棄物中に含まれて事業所から移動したかという情報（PRTRデータ）を地図上に表示したもの。誰でも簡単にアクセスできる。⇨*Chapter 5* **3**(2)

（写真：朝日新聞社）

C-6 田園調布

東京都大田区の高級住宅街。地区計画に則って駅から放射状に開発された街並み，美しい銀杏並木が目を引く。
⇨**Chapter 6** **5**

（写真：時事）

C-7 法善寺横丁

大阪府大阪市、建築協定により保全されたなにわ情緒あふれる街並み。⇨**Chapter 6** **6**

C-8 山並み背景型美観地区

京都府京都市、下鴨神社周辺。建物の屋根の形状や外壁の色に関するデザイン基準が条例で定められており、背後の山々と街並みの調和が図られている。⇨**Chapter 7** **1**

C-9 景観法の概要

日本の豊かな自然の風景や街並みを保全するため、2004年に制定された。
⇨**Chapter 7** **1**

（資料：環境省）

C-10 大沢風致地区

東京都三鷹市にある、人の手の入った「都市の自然」が美しい地域。建築や木竹の伐採が条例により規制されている。⇒**Chapter 7** **2** (1)

C-11 鞆の浦の景観

広島県福山市の美しい港湾。万葉集にも登場する文化的・歴史的価値の高い場所で、県が埋立てを計画した際に住民から埋立免許の差止訴訟が提起された。⇒**Chapter 7** **4**

C-12 豊島の産業廃棄物

香川県小豆郡の島に不法投棄された、産業廃棄物の山。⇒**Chapter 2** **2**, **Chapter 8** **8**

C-13 東京駅

明治・大正期を代表する建築物の一つとして、国の重要文化財に指定されている。⇒**Chapter 7** **5**

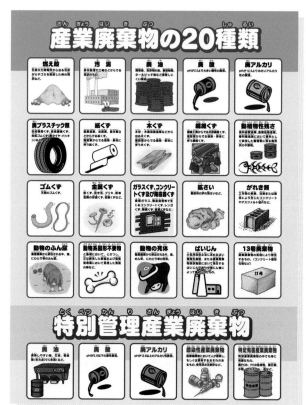

C-14 産業廃棄物 20 品目

企業等の事業活動に伴って生じる廃棄物（ゴミ）のうち、法令で定められた 20 種類のものは、排出した企業等に処理をする責任がある。⇒**Chapter 8** **4**

（資料：一般社団法人千葉県産業資源循環協会）

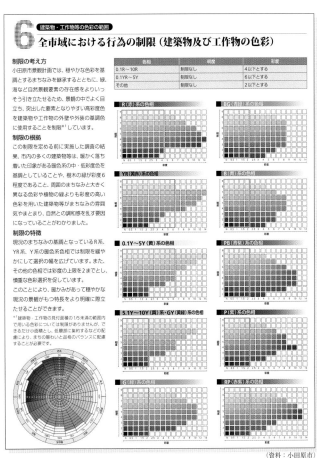

C-15 景観法の対象地域のイメージ

景観行政団体は、景観計画において、景観区域や景観重要建造物などを指定し、様々な規制や制限を定めることができる。⇨**Chapter 7 1**

（資料：国土交通省）

C-16 小田原市における色彩景観の規制

小田原市景観条例は、彩度の高い色を建築物の外壁等に使うことを制限し、暖かみある穏やかな街並みを維持している。⇨**Chapter 7 2**（3）

（資料：小田原市）

（写真：一般財団法人 日本環境衛生センター）

C-17　都市鉱山からつくる！　みんなのメダルプロジェクト

スマホ・PC といった使用済小型家電には金・銀など多くの貴金属が含まれ、家庭などに大量に眠っていることから「都市鉱山」とも呼ばれている。東京 2020 オリンピックの 5000 個にものぼるメダルは、回収した小型家電から金属を抽出して制作された。⇨*Chapter 9* **5**

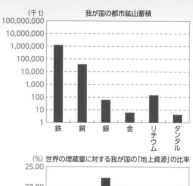

（千 t）　　　　　　我が国の都市鉱山蓄積

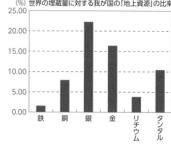

（%）世界の埋蔵量に対する我が国の「地上資源」の比率

C-18　ナミテントウ

同じ種類のテントウムシだが紋様は個体により様々。これも保全されるべき生物多様性のひとつである。
⇨*Chapter 10* **1**(1)

（写真：JATAN）

C-19　自然破壊

インドネシア、リアウ州カンパール半島の焼けた泥炭土壌。開発のための伐採と人為的な火災により、生物多様性が失われている。⇨*Chapter 10* **1**(2)

（写真：環境省）

C-20　日光国立公園

日本では、優れた自然の風景地を国立公園として指定し、開発等を制限して国が管理することで、その地の自然を保護している。⇨*Chapter 10* **2**

（写真：朝日新聞社／時事通信フォト）

C-21　阿蘇野焼き風景と草原

熊本県の阿蘇草原では、1000 年以上も前から早春に野焼きをすることで森林の発生を防ぎ、牛馬の放牧地となる広大な草原を維持してきた（人の手による自然）。現在は、草原の管理者と風景地保護協定を締結した NPO が中心となって野焼きを行っている。⇨*Chapter 10* **2**(4)

C-22　辺野古の海と埋立海域図

海中にはサンゴ礁が広がるが、大規模な埋立てが予定されている。⇨**Chapter 11** **1**

（写真：時事）

C-23　SDGs のロゴ（日本語版）

2015 年 9 月、国連サミットにおいて「持続可能な開発のための 2030 アジェンダ」が採択された。同アジェンダに記載された 2016 年から 2030 年までの国際目標が「持続可能な開発目標（SDGs）」であり、持続可能な世界を実現するための 17 のゴール・169 のターゲットから構成されている。⇨**Chapter 12** **2** (3)

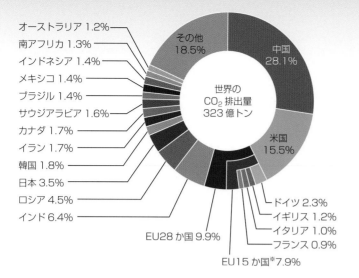

オーストラリア 1.2%
南アフリカ 1.3%
インドネシア 1.4%
メキシコ 1.4%
ブラジル 1.4%
サウジアラビア 1.6%
カナダ 1.7%
イラン 1.7%
韓国 1.8%
日本 3.5%
ロシア 4.5%
インド 6.4%
EU28か国 9.9%
EU15か国※7.9%
その他 18.5%
中国 28.1%
米国 15.5%
ドイツ 2.3%
イギリス 1.2%
イタリア 1.0%
フランス 0.9%

世界の
CO₂排出量
323億トン

C-24 CO2 主要排出国と
その排出割合（2015 年）

排出大国にもかかわらず、米国は京都議定書に参加せず、「発展途上国」の中国・インドには削減数値目標が設定されなかった。ここから、すべての国が自ら目標等を表明するボトムアップ型の手法への転換が図られることとなる。
⇨*Chapter 14*

注：出大国にもかかわらず、米国は京都議定書に参加せず、「発展途上国」の中国・インドには削減数値目標が設定されなかった。

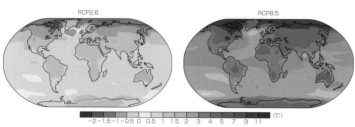

RCP2.6　　　　RCP8.5

-2 -1.5 -1 -0.5 0 0.5 1 1.5 2 3 4 5 7 9 11 （℃）

C-25 平均地上気温変化分布の変化

左が 1986 ～ 2005 年平均、右が 2081 ～ 2100 年平均。温暖化に伴い、様々な深刻なリスクの発生が予測されている。⇨*Chapter 13* **2**, *Chapter 14*

注：1986 ～ 2005 年平均と 2081 ～ 2100 年平均の差。
資料：IPCC「第 5 次評価報告書統合報告書政策決定者要約」より環境省作成

（写真：時事）

C-26 再開した商業捕鯨

2019 年 7 月、日本が 31 年ぶりに再開した商業捕鯨で釧路港に水揚げされた鯨。⇨*Chapter 15* **3**

（写真：水産庁）

C-27 外国漁船に対する夜間の立入検査

水産庁の漁業監督官が、外国籍のいか釣り漁船に対し、法令を遵守しているか確認・検査を行っている。
⇨*Chapter 15* **6**

C-28 国際司法裁判所・南極海捕鯨事件判決

日本の調査捕鯨計画が条約に違反しているとして、豪州が日本を提訴した事件。2014 年の判決で、日本の計画は条約に定められた科学的研究のための捕鯨とはいえないと判示された。⇨*Chapter 15* **3**

（写真：AFP＝時事）

Chapter 1 環境法とは何か
――本書で学ぶ環境法の世界

1 環境法は何を対象とするのか？

　大学の履修要綱をみると，そこにはたくさんの法律科目が並んでいる。物権法，債権法，商法など，その名称だけでは，学ぶ内容を想像するのが困難なものも少なくない。そうしたなかにあって，「環境法」は，何となく対象がイメージしやすい科目だろう。環境法とは，「環境を保護するための法律」である。

　法律が対象としている「環境」。これについては，どのような内容が頭に浮かぶだろうか。**C-1**をみてみよう。環境法が対象とする「環境」の射程は，私たちを起点として，時代とともに，マクロにもミクロにも拡大している。

　私たちの住む地球。一国を越える環境影響に対しては，国際的な取組みが必要となる。たとえば，二酸化炭素をはじめとする温室効果ガスの多量排出が，様々な気候異変の原因となっているといわれている。これに対しては，排出削減を目的にして，1992年に，リオ・デ・ジャネイロで開催された「環境と開発に関する国際連合会議」（UNCED）で，気候変動枠組条約が採択された。そのもとで，2015年にはパリ協定（⇨*Chapter 14*）が合意されている。熱帯雨林は，遺伝資源の宝庫である。それに対する国家の利益を保護するために，1992年には，UNCEDで，生物多様性条約（⇨*Chapter 15*）が採択された。希少な野生動植物を絶滅から救うには，経済利益のための捕獲・採取を規制しなければならない。1973年には，「絶滅のおそれのある野生動植物の種の国際取引に関する条約」（ワシントン条約）（⇨*Chapter 15*）が採択された。国家間の約束であるこうした環境条約は，地球規模での環境保全を図ろうとしている。

　国内に目を向けてみよう。雄大な自然環境と聞けば，「国立公園」が思い浮かぶ。優れた自然の風景地保護を目的とする自然公園法は，1957年に制定された（⇨*Chapter 10*）。自然以外には，歴史ある街並みの保全も重要である。こちらは，人工環境である。京都，鎌倉，奈良にある歴史的風土を保護するために，1966年に，「古都における歴史的風土の保存に関する特別措置法」（古都保存法）が制定されている。日本を代表するとまではいえないけれども，地域住民が大切にしている景観の保全は，快適な暮らしにとって重要な課題である。2004年制定の景観法のもとで，街なみ保全のために，多くの取組みがなされている（⇨*Chapter 7*）。

　かつて，環境に配慮しない事業活動によって，大量の汚染物質がほとんど無処理のままに放出

1-1 濛々とばい煙を排出する工場群の煙突

1950年代の三重県四日市市。この時代には，環境の受容能力に限界があることが十分に認識されていなかった。
（写真：四日市公害と環境未来館）

Column
公害国会

　高度経済成長期に日本の重化学工業を牽引した工場群は，京浜工業地帯，中京工業地帯，阪神工業地帯と呼ばれた大都市圏に立地していた。その操業により，多くの都市住民が公害に苦しんだ。その声は政治に反映され，1970年11月に召集された第64回臨時国会において，14もの公害・環境関係の新規立法や既存法改正がされた。そうしたことから，この国会は，「公害国会」と呼ばれている。現在の主要環境法の多くは，公害国会で誕生した。それから半世紀になるが，法律の基本構造は，制定時のままである。

され，都市の大気や水質に深刻な影響を与えた **1-1**。それに起因する人の生命や健康の大きな犠牲を踏まえて，1970 年の「**公害国会**」（⇨*Column*）において，大気汚染防止法や水質汚濁防止法などの一連の公害規制法が制定・改正されている（⇨*Chapter 3*）。家庭や工場・事業場で発生するごみの処理について規定する「**廃棄物の処理及び清掃に関する法律**」（廃棄物処理法）（⇨*Chapter 8*）も，この年の制定である。

　地球全体から身近なごみまで，私たちからの「距離」は違うけれども，様々な事象に対処するために，環境法は制定されているのである。その内容は，対象とする事象や行為者の特性に応じて多様である。本書では，そうした環境法のエッセンスを学習する。

2　現代環境法の誕生と展開

（1）　公害国会以前の時代

　高度経済成長期という言葉は，高校の社会の授業で耳にしたことがあるだろう。年間の経済成長率が 10% を超えた 1955〜1973 年は，このように呼ばれている。

　その経済成長の負の部分が，「公害」である。この時期には，工場などにおける旺盛な事業活動を通じて，大量のばい煙，汚水，不要物が，その有害性を認識されることなく，場内に埋められたり場外に排出されたりした。そこに含まれる有害物質は，海洋や河川の水や都市部の大気に蓄積され，その質が急速に劣化した。そして，魚介類を介した間接的摂取や直接の吸引により，生命や健康に深刻な影響をもたらしたのである。熊本県と新潟県の水俣病，三重県の四日市ぜんそく，富山県のイタイイタイ病という**四大公害事件**は，高度経済成長期が生み出したきわめて特異な事象であった。

　当時，国レベルでは，法律は制定されていなかったのだろうか。そうではない。公害国会の以前の国会において，いくつかの法律が制定されていた。以下では，水質汚濁についてみてみよう。

　水質汚濁に関する最初の法律は，1958 年に制定された「公共用水域の水質の保全に関する

Column
浦安事件

　東京湾に注ぐ江戸川の河口一帯は，良質の海苔の漁場であった。ところが，河口付近で操業する本州製紙（現・王子製紙）江戸川工場からの排水により，海苔の漁獲高は激減した。漁業協同組合から工場側に対応を求める交渉がされたのであるが，被害防止について不誠実な対応を続ける工場側に対して浦安漁協等の漁民が激怒し，工場に乱入して流血の騒ぎとなった事件である。1958 年 6 月 10 日のことであった。首都圏で発生したこの事件は，社会的にも大きく注目され，同年 12 月の水質二法制定へとつながった。

法律」（水質保全法）および「工場排水等の規制に関する法律」（工場排水規制法）であった。この 2 つの法律は，「**水質二法**」と呼ばれている。制定の背景には，「**浦安事件**」（⇨*Column*）という出来事があった。

　制定時の水質保全法の目的規定には，「産業の相互協和」という一節があった。これは，第 1 次産業である水産業と第 2 次産業である工業の調和を意味している。具体的には，工場側に過度の負担をかけない程度に排水の規制を進めるという趣旨であった。その後の改正によって，生活環境保全に関しては産業の健全な発展との調和が図られるようにするとされた。この規定は，「**調和条項**」と呼ばれている。「生活環境保全は産業発展に支障を与えない程度にしておけばよい」と考えるのである。

　法律規制の仕組みは，この方針に忠実に設計された。特徴のひとつは，**指定水域制**である。制定時の水質保全法のもとでは，規制の対象地域の指定にあたって，「公衆衛生上看過し難い影響が生じている」などの基準を充たす必要があった。このため，指定に消極的な産業界に配慮して，調査は，長い時間をかけて慎重になされた。その結果，浦安事件や水俣病事件との関係でみてみれば，江戸川河口部が指定されたのは法律制定の 4 年後，水俣湾は 11 年後であった。その間にも，汚水は無規制で排出され続けたのである。大気汚染の規制においても指定地域制が採用され，その実施は，水質二法と同様の状況にあった。

1-2 環境庁の誕生

環境庁の看板を掲げる山中貞則初代長官。
（写真：時事）

(2) 公害国会以降の環境法

公害国会において制定された環境法は，それ以前の法律にあった調和条項を引き継がなかった。かつては，被害の発生が工場操業と関係があると確認されなければ規制ができなかったために，対応は常に事後的となっていた。それが被害を拡大・深刻化させたという反省に立って，未然防止が重視されるようになったのである。

規制適用の地理的範囲については，地域指定をすることなく全国が対象となった。対象となる施設については，より多くの種類が規制対象とされ，遵守が義務づけられる排出基準の値も強化された。

法律を所管する行政機関についても，大きな変化があった。公害国会で成立した法律の所管は，（当時の名称でいえば）厚生省，経済企画庁，通商産業省などに散在していた。そこで，一元的管理の必要性が認識され，1971 年に**環境庁**が設置されたのである **1-2**。これ以降，環境保全の観点からの行政は，原則として，環境庁が担当することになった。しかし，予算額や人員数の貧弱さ，事業活動への影響を懸念する産業界の抵抗，環境行政を応援する政治家の少なさもあり，思い切った環境政策の展開には困難が伴った。そうしたなかでも，新たな問題事象

の発生や国際的動向に反応して，環境法は発展してきたのである。環境庁は，2001 年に，環境省に昇格した。

3 環境法の体系と仕組み

(1) 環境基本法を頂点とする体系

いろいろな政策領域において，法律整備の基本的考え方を示す「基本法」が制定されることがある。環境政策に関しては，1993 年制定の**環境基本法**がそれである。

同法は，基本理念として，以下の 3 つを規定している。

① 環境を健全で恵み豊かな状態に維持するのが人間生活に不可欠であるが，人間活動に起因する環境負荷は環境を危うくしている。このため，環境保全は，現在および将来世代が健全で恵み豊かな環境の恵沢を享受し，人類の存続基盤である環境が将来にわたって維持されるように適切に行われるべきである（3 条）。

② 環境保全は，すべての者の公平な役割分担のもとでなされるべきである。そして，持続的発展ができる社会を構築できるよう，環境保全上の支障を未然に防止することが基本にされるべきである（4 条）。

③ 地球環境保全は，国際的協調のもとに積極的に推進されるべきである（5 条）。

これらの基本理念は，環境基本法に基づく**環境基本計画**（15 条）のなかで，さらに詳しく記述されている。次章以下で解説する個別環境法は，環境基本法および環境基本計画を具体的に実現するためのものと整理できる。

それぞれの環境法は，第 1 条に規定される目的を実現するべく，第 2 条以下で様々な仕組みを規定している。その仕組みには，共通する部分が多い。環境に負荷をかける行為をする者（以下「環境負荷発生者」という）の意思決定に対して，環境法はどのような対応をしているのだろうか。詳しくは，個別法を素材にして，*Chaper 3* 以下で説明される。本章では，環境法のモデルとして，その仕組みをみておこう。

(2) 個別環境法に基づく規制の仕組み 1-3

（a）目的 環境保護をするのが環境法である。個別法により異なるが，第1条「目的」をみると，「生活環境を保全」「国民の健康を保護」「生物の多様性の確保」「現在及び将来の国民の健康で文化的な生活の確保」といった目的が規定されている。法律が保護・実現すべき内容は，「**保護法益**」と呼ばれる。

（b）規制対象 目的実現のために，環境負荷発生者のどのような活動のどのような側面を規制するのか。規制対象の確定は，制度設計の核心部分である。その多くは，第2条「定義」において規定されている。行為の内容や規模，項目の種類，適用の地理的範囲など，様々な要素がある。

定義対象については，法律制定後の事情の変化によって追加しなければならない場合もある。また，数が多いとすべてを書き込むことができない。そこで，「政令で定めるものをいう」「省令で定めるものをいう」として，具体的な確定を内閣が制定する政令および府・省が制定する府・省令に委ねている場合が多い。政令は「○○法施行令」，省令は「○○法施行規則」と呼ばれる。

（c）規制内容 環境負荷発生行為をどの程度コントロールするかは，法律によって異なる。もっとも厳格なのは，**禁止制**である。たとえば，廃棄物処理法16条は，「何人もみだりに廃棄物を捨ててはならない」と規定している。

その次に厳格なのは，**許可制**である。一定の行為をとりあえず禁止しておき，個別の申請を踏まえて，基準に適合した場合にこれを許可するのである。自然公園法20条3項は，「特別地域……内においては，次の各号に掲げる行為は，国立公園にあっては環境大臣の……許可を受けなければ，してはならない」と規定している。許可を要する行為は，同項各号に明記されている。許可制は，基準の内容次第で，禁止制にも次にみる届出制にも近接する。ほぼ同様の内容は，認可制としても規定されることがある。砂利採取法16条は，「砂利採取業者は，砂利の採取を行おうとするときは，当該採取に係る砂

1-3　環境法の仕組み

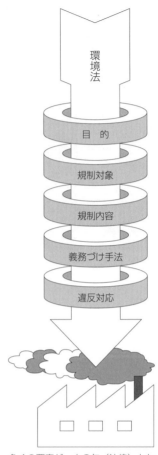

多くの要素が一本の矢（法律）となって事業活動を規制する。

採取場ごとに採取計画を定め…認可を受けなければならない」と規定する。

もっとも緩やかなのは，**届出制**である。禁止はされないけれども，どのような行為が誰によってされるのかについて，行政が情報収集をするのである。これには，届出内容の審査がされる場合とされない場合がある。「ばい煙を大気中に排出する者は，ばい煙発生施設を設置しようとするときは，……都道府県知事に届け出なければならない」と規定する大気汚染防止法6条1項は，前者の例である。不適切な内容があれば，申請内容の変更が命じられる。特定排出者は，「温室効果ガス算定排出量に関し，」事業所管大臣に「報告しなければならない」とする「地球温暖化対策の推進に関する法律」（地

1-4 産業廃棄物の大量不法投棄

適正処理義務に違反した不法投棄は，環境に大きな被害を
もたらす。　　　（写真：北海道新聞社/時事通信フォト）

Column

目指すは環境法プロデューサー！

　本書の執筆者は，環境法を研究対象のひとつにして
いる大学教員である。「そんなものを研究していて何
が楽しいのだろうか」。不思議に感じる学生がいるか
もしれない。

　楽しさに理由はいらないのであるが，私自身につい
ていうと，「環境負荷を発生させている者の意思決定
を違う方向に向けさせるためにはどのような法制度が
有効だろうか」を考えることにあるように思う。北風
だけではかたくなになるばかり。ときには太陽も必要
である。強制手法や誘導手法のベストミックスにより，
「やっぱりそうした方がトクだ」と感じて行動しても
らえるような制度設計を探究するのである。皆さんは，
環境法プロデューサーの気分になって，本書を読み進
めてみよう。

球温暖化対策法）26条1項は後者の例であり，
たんに情報提出が求められるだけである。

　(d)　**義務づけ手法**　　環境法の核心部分は，
環境負荷発生者に対する**法的義務づけ**である。
義務づけられる内容は，一定の結果の実現であ
ったり，一定の手続の履行であったりする。

　結果の実現としては，たとえば，排出基準の
遵守の義務づけがある。施行令や施行規則が定
める基準値を超えないような操業とが法的に求
められる。**手続の履行**としては，たとえば，工
場の操業状況を定期的に行政に報告することの
義務づけがある。

　(e)　**違反対応**　　義務づけの違反があった場
合，これを放置するのでは，目的の実現に支障
が生ずる。たとえば，産業廃棄物の不法投棄
1-4 を放置すれば，人の健康や生活環境の悪
化につながる。そこで，環境法は，報告徴収や
立入検査などを通じて環境負荷発生者から情報
収集をし，違反が確認されればそれへの対応を
実施できるような規定を設けている。これには，
現状の改善を求めるものと制裁を加えるものと
がある。

　現状の改善は，措置命令のように，法的拘束
力のある命令を通して求められる。基準への適
合や違反部分の除去・撤去など，内容は多様で
ある。**制裁**としては，**許可取消しや刑罰**（懲役，
罰金）がある。

　(f)　**悩める環境法**　　法律を制定してそこで
義務づけさえしておけばすべてうまくいくとい

うわけではない。残念ながら，違反は不可避的
に発生する。また，義務づけした内容が不十分
であるために，法律目的が実現できないような
事態も発生する。環境法は，いったん制定され
ればそれでおしまいというわけではない。実施
の過程において出くわす様々な事象に的確に適
応すべく，改正が重ねられる。環境法は，誕生
の瞬間から，長い旅を続けるのである。

4　進化し続ける環境法

　個人と個人の間の契約ならば，それぞれの状
況にベストフィットする義務や権利について，
個別の交渉を通じて決定することは可能である。
ところが，国会が制定する環境法はそうではな
い。河川に排水をする工場やある地域に土地を
持つ所有者というように，一定のカテゴリーに
含まれる人たち全体に対して，一般的な義務づ
けをするのである。そこでは，個々の事業者の
顔はみえない。

　義務づけ内容としての作為や不作為の基準は，
国会が法律で直接に決めたり，その委任を受け
て行政が決めたりする。法律は，ある問題に対
応すべく，一定の環境状態を実現するために制
定される。その問題への対応としては，一応は
十分な内容が規定されているといえる場合が多
い。しかし，それは「一般的には」という意味
であって，特定の規制対象者とその周辺住民と
の個別的関係においては，常に「必要かつ十

1-5 まことちゃんハウス事件判決を報ずる
新聞記事

判決は、「受忍限度を超えた権利侵害はない」とした。

（毎日新聞 2009 年 1 月 29 日朝刊）

分」というわけではない。あらゆる側面について
の規制がされているわけではなく、想定され
ていない状況は、当然に存在する。

　土地利用規制を考えてみよう。宅地の場合、
どこにどのような用途の建物を建築するかは、
土地所有者の自由ではない。規制がもっとも厳
しいのは、「第一種低層住居専用地域」という
用途地域である。都市計画法や建築基準法など
による規制の結果、隣の住宅と近接していない、
ゆったりとした庭がある 2 階建ての戸建住宅が
建設される。この地域では、日照も十分確保さ
れ、良好な住宅地となっている（⇨**Chapter 6**）。

　それでは、第一種低層住居専用地域に指定さ
れてしまえば、建築物をめぐる紛争は起きない
のだろうか。そうではない。「まことちゃんハ
ウス事件」**1-5** は、この地域で発生したので
ある。**C-2** をみてみよう。赤と白のストライ
プの外壁を持つ住宅を毎日見ていると健康被害
が発生するとして、近隣住民が、その外壁の撤
去を求める訴訟を提起した。ところが、結果は、
敗訴であった。判決では、この建物が法令に違
反していない点が重視された。たしかに、派手
ではあるが、第一種低層住居専用地域において
は、「外壁の色」に関する規制はされていなか
ったのであった（⇨**Chapter 6 & 7**）。

5 違反対応の難しさ

　違反に対応する行政や警察の現実の活動には、

Column

警視庁生きものがかり

　警視庁生活安全部生活環境課環境第三係の通称は、
「警視庁生きものがかり」である。渡部篤郎さんと橋
本環奈さんのコンビが動物にまつわる事件に挑む刑事
ドラマのタイトルとなっているこの組織は、警視庁に、
実際に存在する。

　捜査活動の実態は、福原秀一郎『警視庁生きものが
かり』（講談社、2017 年）に詳しく描かれている。
本書の出版当時、著者の福原さんは、第三係所属の警
視庁警部。事件を詳しく紹介する記述からは、国内外
の現場での苦労や環境法の不十分な点を何とか工夫で
克服したいという熱い思いが伝わってくる。

（提供：講談社）

苦労が多い（⇨**Column**）。環境法違反は、経済
利益の獲得を目的として、故意になされるケー
スがほとんどである。**環境犯罪は経済犯罪な
の**である。大きな違法利潤を得るために、違反者
は、法律や組織の間隙をついて、巧妙に立ち回
る。環境が憎いから環境を破壊するのではない。

　たとえば、産業廃棄物の大量不法投棄事案で
ある豊島事件（⇨**Chapter 8**）においては、「こ
れはこれから利用する資源であり廃棄物ではな
い」という主張を行政が崩せなかったことが、
原状回復に数十億円もの公金の投入をする事態
を招いた。希少野生動植物の輸入にあたっては、
税関職員に専門的知識が十分にないことや人員
不足のために、相当数の個体が水際規制を潜り
抜けて国内に流入しているとみられている。

　海で行われる魚介類の密漁の検挙においては、
密漁品（証拠品）を船舶から投棄されれば検挙
はできなくなるため、入港時を狙って、被疑者
の人数の 10 倍もの捜査員を投入して実施され
る。国立公園の管理業務をするレンジャーと呼
ばれる環境省職員は、公園現場において、利用

者へのサービスや違反の取締りをすることが期待されているが，人員不足のため，現場から離れた事務所で，許可審査や届出受理，補助金の相談などの仕事に時間を取られてしまっている。

環境法の条文を読めば，その法律がどのように適用されるのかのフローチャートを作成することができる。しかし，そうはスムーズに流れないのが現実なのである。環境法の学習においては，どのような仕組みになっているかを理解するのが第一歩である。そして，その次の一歩としては，実施の現場に思いをはせ，実態に関心を向けてみよう。

6 環境法の実施に関係する主体の拡がり

伝統的に，環境法の実施を担ってきたのは，行政である。環境法の規定をみれば，「……のときは，都道府県知事の許可を受けなければならない」「市町村長は，……を命ずることができる」というように，自治体行政を実施の主体としている条文が多くある。一方，国立公園内の規制のように，環境大臣が直々に乗り出してくる場合もある。

環境法の目的を実現するために，個別の事案において許可を与えるとか命令をするというのは，営業の自由や財産権など事業者の法的利益に大きくかかわる行為である。こうした行為は，基本的には，行政が担当する。

しかし，それ以外については，行政の独占である必要はない。たとえば，違反発見については，自然環境に関心を持つ環境NPOの方が，行政よりも専門性が高い。ペットショップに客を装って入り，ワシントン条約のもとで輸入が禁止されている絶滅危惧種や「鳥獣の保護及び管理並びに狩猟の適正化に関する法律」（鳥獣保護法）のもとで捕獲が規制されている鳥類を発見して行政や警察に情報提供したり，ときには刑事裁判において検察側の証人となったり鑑定書を書いたりする。環境法の実施をする側にとって，環境NPOは，実に頼りになる存在なのである（⇨Column）。

良好な環境の保護や創出の局面においては，環境NPOの力を積極的に借りようという仕組

日本野鳥の会による，絶滅危惧種シマフクロウの保護増殖事業。　　　　　　　　（写真：日本野鳥の会）

Column

環境NPO・全国野鳥密猟対策連絡会

全国野鳥密猟対策連絡会（通称・ミッタイレン）は，とりわけ野鳥の保護を目的に，鳥獣保護法の違反に目を光らせている団体である。

国内においては，メジロの捕獲が禁止されているが，密猟したメジロを輸入メジロと称して保有する事例が少なくない。ところが，鳥獣保護法を執行する行政や警察には，国産メジロと輸入メジロを見分ける能力がない。そこで，ミッタイレンの会員が，独自の調査にもとづき，違法捕獲されたメジロが販売されているとか鳴き合わせ会に出されているとかいった情報を提供し，捜査や裁判に協力しているのである。

「野にいる野鳥が好き」という想いと，行政にも警察にも欠けている専門的知識・技能が，鳥獣保護法の執行を効果的に促進・支援しうる。まさに，「好きこそものの上手なれ」といえる。

みがみられる。国立公園や国定公園においては，指定を受けた公園管理団体が，公園の管理の一翼を担っている。「特定外来生物による生態系等に係る被害の防止に関する法律」（特定外来生物法）のもとでの特定外来生物の防除作業や「絶滅のおそれのある野生動植物の種の保存に関する法律」（種の保存法）のもとでの保護増殖事業 **1-6** にあたっても，環境NPOの専門性が生かされている。

現在では，環境に配慮した企業活動が重視されている（⇨**Chapter 12, 13**）。環境パフォーマンスを社会にアピールするために，環境報告書を作成して公表する企業が増えているが，それを専門的観点からチェックして評価する環境NPOも存在する。

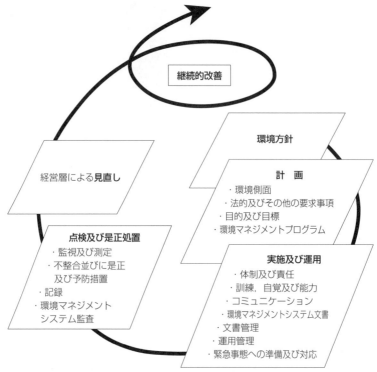

継続的改善

環境方針

経営層による**見直し**

計　画
・環境側面
・法的及びその他の要求事項
・目的及び目標
・環境マネジメントプログラム

点検及び是正処置
・監視及び測定
・不整合並びに是正
　及び予防措置
・記録
・環境マネジメント
　システム監査

実施及び運用
・体制及び責任
・訓練，自覚及び能力
・コミュニケーション
・環境マネジメントシステム文書
・文書管理
・運用管理
・緊急事態への準備及び対応

計画（P）⇒実施（D）⇒点検（C）⇒見直し（A）を継続実施する。

（出典：環境省ウェブサイト）

　また，目に見える存在ではないが，**市場（マーケット）**にも一定の役割が期待される場合がある。たとえば，環境法違反の事実は，一般には，当該違反者と行政しか知らないが，許可を取り消されたなどの情報を公表する仕組みが制度化されると，市場における評判の低下をおそれて，事業者は違反行為に抑制的になる。廃棄物処理法に基づく処理業許可取消しをされた業者は，行政により公表されるのが通例である。

　地球温暖化対策法のもとで届け出られた温室効果ガス算定排出量は，一般に開示請求の対象となる。量が多いと市場の評価が低くなると考える事業者は，排出抑制に取り組むだろう。

7　自主的コンプライアンスの重要性

　環境法の発展は，環境法の複雑化をもたらす。たとえば，廃棄物処理法は，1970年の制定時にはわずか30か条しかなかったが，現在では，その後の多くの改正によって，156か条にふく

れあがり，実施を担当する行政職員ですら理解に苦しむ状態になってしまった。しかし，法律は法律であり，ひとつ間違えば，企業には「違反者」のラベルがはられる。マスコミ報道されようものなら，企業イメージの低下はもちろん，銀行取引や得意先との関係に回復しがたいダメージが生じかねない。投資家に対しては，ネガティブな印象を与えてしまう。

　事業活動を進めるにあたって，企業は，様々な法律の規制を受けている。環境法はそのひとつであり，それに関する**法令遵守（コンプライアンス）**（⇨*Chapter 12*）は，企業の重大な関心事となっている。違反を発生させないための自主的コンプライアンス体制をおろそかにすると，企業にとっては致命傷にもなりかねない。

　環境法規制を担当するのは，一般には都道府県行政である。そこでは，たとえば，廃棄物処理法と水質汚濁防止法は，異なった課の担当になっている。ところが，企業においては，それ

勝訴判決の日までには、多くの命が失われた。

（写真：時事）

れぞれの法律に対して担当を設けることはない。「環境担当」と一括され、すべての環境法の遵守に関する仕事を任されているのが通例である。その環境担当も、ひとつの独立した組織の場合もあれば、1人しかいない場合もある。その1人とは、ベテラン職員である企業が多く、退職後に組織のコンプライアンス能力が一気に落ちることも稀ではない。

　このため、企業においては、システムを導入した対応も進められている。「環境マネジメントシステムの指標」を定める ISO14001 という仕組みは、そのひとつである。目標を定め、その実現に取り組み、成果を評価し、改善につなげるというプロセス（PDCA サイクル 1-7 ）の繰り返しによりマネジメントレベルを継続的に向上させようという戦略である。第三者（認証機関）による認証を受ければ、「ISO14001 認証取得企業」として、社会に対し、環境配慮企業としてのアピールも可能になる。

8 民事訴訟による救済

　事業活動に起因する環境汚染によって損害を被った人々は、どのようにすればよいのだろうか。浦安事件において、漁民は、製紙工場への乱入という直接行動に出た。交渉に誠実に対応しない工場側に非はあるにしても、法的には、乱入は適切な行動とはいえない。そのようにせざるを得なかった事情は十分理解できるが、そ

の行動は、刑法のもとでの住居侵入罪、器物損壊罪、暴行罪などの犯罪行為なのである。自身の権利が侵害されたと考える者は、裁判を通じた救済を求めるのが、国民に期待される行動である。裁判とは、具体的な争いになっている問題に対して、裁判官が法律を解釈して適用し、国民の権利の保障や被害の救済を実現するという仕組みである。

　先にみた日本四大公害事件のすべてにおいて、被害住民は訴訟を提起した。そして、そのすべてにおいて、勝訴判決を手にしたのである 1-8 。原告である住民が被告である企業を相手に提起したのは、民事訴訟（⇨*Chapter 2*）としての損害賠償訴訟である。請求ができる法的根拠を与えているのは、民法 709 条である。同条は、「①故意又は過失によって他人の②権利又は法律上保護される利益を③侵害した者は、④これによって生じた⑤損害を賠償する責任を負う」と規定する。①〜⑤の要素のすべてが充たされていることを証明する責任は、訴えを提起する原告の側にある。責任を認められたくない被告は、当然、それを否定する。ひとつでも否定できれば、損害賠償責任は発生しない。裁判官に対して、原告・被告のどちらが説得力をもって説明できるか。それによって裁判の勝敗は決まる。「かわいそうな公害被害者」であるから必ず勝訴するというわけではない。

　訴訟の争点となることが多いのは、①（特に過失）と④（因果関係）である。被告企業は被害発生を予見しこれを回避できたのか。過失がないのに責任を負わされるのでは正義に反するため、被告側に何らかの「落ち度」が必要になる。また、被告企業の行為が被害の真の原因なのか。被告側は「別の犯人」を捜してくるため、その可能性を否定する議論を展開しなければならない。司法的救済を求めて得られた勝訴判決は、いくつものハードルを乗り越えた原告住民の筆舌に尽くしがたい苦労の成果なのである。

9 行政的制度による救済

　民事訴訟は、個別紛争において司法的解決を求める手段である。したがって、裁判所の判断

である判決の効力は，当該事件における原告と被告にしか及ばない。このため，訴訟になった事件と同じ原因により被害を被ったと考える人が司法的救済を求めたければ，別途，訴訟を提起しなければならない。ほかの被害者について勝訴判決があったとしても，それを自分に適用して直ちに救済してくれとはいえないのである。

　裁判においては，第三者である裁判官により，慎重に審理が進められる。迅速化が求められてはいるが，証拠調べや証人尋問，原告と被告の主張・反論など様々な手続が続くため，訴訟提起から判決まで数年を要する事例も稀ではない。さらに，日本では三審制がとられているため，最終的決着である判決の確定までには，相当の期間を要するのが実情である。訴訟を提起・継続するには，金銭的にも労力的にも，かなりの費用とエネルギーが必要である。

　それでは，その負担にたえられない被害者は，泣き寝入りをするほかないのだろうか。それは正義に反する。そこで，環境法の基幹的法律である環境基本法の 31 条 2 項は，「国は，公害に係る被害の救済のための措置の円滑な実施を図るため，必要な措置を講じなければならない」と規定する。政策的判断によって，いわば「被害者の側に立った制度」の構築を求めているのである。これが，**行政的救済**である。

　「公害健康被害の補償等に関する法律」（公害健康被害補償法）（⇨***Chapter 3***）は，その例である。この法律の主たる内容のひとつは，水俣病被害者に対する救済である。都道府県知事に対する申請と認定に基づいて，所定の給付金を受け取ることができる。かつては重篤な症状の患者が多くいた。しかし，最近では，そのような患者はいなくなり，かつ，水俣病の病像が多様化しているため，認定作業に困難をきたしているのが実情である。認定基準をめぐっては，訴訟も提起されている。また，支給される補償給付額も決して十分ではない。

　ほかにも，公害紛争処理法（⇨***Chapter 2***）という法律は，被害者と加害者の間に行政が入って，法律的な判断を踏まえつつも紛争の妥当な解決を目的にする紛争処理手続を規定している。

「国は，公害に係る紛争に関するあっせん，調停その他の措置を効果的に実施し，その他公害に係る紛争の円滑な処理を図るため，必要な措置を講じなければならない」と規定する環境基本法 31 条 1 項に基づく仕組みである。この公害紛争処理制度は，裁判とは異なり無料で利用できるものであり，簡易かつ迅速な解決を目指している。

🔟 持続可能な発展と環境法の役割

　「健全で恵み豊かな環境を維持しつつ，環境への負荷の少ない健全な経済の発展を図りながら持続的に発展することができる社会」。前述した環境基本法 4 条が規定するこのフレーズは，環境法の究極目標のひとつを掲げている。環境だけを考えるのではなく，経済と社会との関係においてそのあり方をとらえるのである。「**持続可能な発展**」（sustainable development）という言葉は，耳にしたことがあるだろう。総務省の法令データベース（e-Gov 法令検索）で調べてみるとこの言葉を目的規定に含む法律が多く制定されているのがわかる。

　社会はなぜ発展しつづけなければならないのだろうか。そもそも発展とは何だろうか。将来世代との関係をどのように考えればよいのだろうか。たいへん深遠で難解な問いである。

　歴史的にみて，環境保全という政策は，経済発展との緊張関係にあった。「環境か経済か」というゼロサムのトレードオフ関係でとらえられていたのである。この点に関して，前述の環境基本法 4 条は，健全な経済発展は，環境負荷の少ないものであるべきという認識を示す（⇨**3**(1)）。大きなパラダイム転換である。

　現在の環境法は，**将来世代の利益を損なわない範囲で現在世代の社会が発展する**ことを目指している。環境資源の有限性と公共性を認識し，良好な環境の確保が経済発展の大前提になると考えているのである。調和条項（⇨**2**(1)）の時代と比べると，環境法はずいぶんと進歩した。

　水・大気，土壌，化学物質，景観・まちづくり，廃棄物・リサイクル，自然，温暖化，海洋資源などの分野で，持続可能な発展という究極

目的の実現のために，国内および国際の環境法はどのような取組みをしているのだろうか。次章以下でじっくりみていこう。

■**読書案内**

　本書『ビジュアルテキスト環境法』は，まったく初めて環境法を学ぶ人を念頭において書かれている。いわば「超初級編」の「入門書中の入門書」である。本書を用いた学習を通じて環境法のおもしろさを感じた読者のなかには，さらに道を先に進んで，環境法の世界を深く学習しようとする人もいるだろう。

　その学習のパートナーとなるテキストには，どのようなものがあるのだろうか。個別環境法分野について詳しく解説された書物はあるが，ここでは，環境法全体を扱うもので比較的最近に出版されたテキストを，初級編・中級編・上級編に分けて紹介しよう。

　それぞれの書物には，「環境法をわかりやすく伝えたい」という著者の強い想いが詰まっている。本書の執筆者一同は，皆さんが自分にフィットするテキストに出逢い，環境法学習の階段を，しっかりとした足取りで一段一段着実にあがってくれることを期待している。

上級編	○越智敏裕『環境訴訟法〔第2版〕』（日本評論社，2020年） ○大塚直『環境法〔第4版〕』（有斐閣，2020年刊行予定） ○北村喜宣『環境法〔第4版〕』（弘文堂，2017年）
中級編	○小賀野晶一『基本講義環境問題・環境法』（成文堂，2019年） ○西尾哲茂『わか〜る環境法〔増補改訂版〕』（信山社，2019年） ○吉村良一『公害・環境訴訟講義』（法律文化社，2018年） ○高橋信隆（編著）『環境法講義〔第2版〕』（信山社，2016年） ○富井利安（編）『レクチャー環境法〔第3版〕』（法律文化社，2016年） ○畠山武道『考えながら学ぶ環境法』（三省堂，2013年）
初級編	○北村喜宣『環境法〔第2版〕』（有斐閣，2019年） ○大塚直（編）『18歳からはじめる環境法〔第2版〕』（法律文化社，2018年） ○交告尚史ほか『環境法入門〔第3版〕』（有斐閣，2015年） ○北村喜宣『現代環境法の諸相〔改訂版〕』（放送大学教育振興会，2013年） ○北村喜宣『プレップ環境法〔第2版〕』（弘文堂，2011年）

1 裁判を通じて解決するための仕組み

裁判には，民事訴訟・行政訴訟・刑事訴訟の3種類があり，これらのうち，環境法分野で多く利用されるのは，民事訴訟と行政訴訟である。

(1) 民事訴訟

民事訴訟は，人や会社などの私人が，環境問題の原因を生じさせている別の私人を裁判で訴える仕組みである。環境分野における民事訴訟としては，大きく分けて，損害の金銭的賠償を求める損害賠償訴訟と，被害の発生を事前に食い止めることを目的とする差止訴訟の2種類がある（なお，差止訴訟には，民事訴訟としてのものと行政訴訟としてのものがあるが，行政訴訟としての差止訴訟については，後述する⇨(2)(a)③）。

(a) 損害賠償訴訟 環境分野における損害賠償訴訟の典型は，公害を発生させる事業者の活動によって生命・健康被害を被った人やその遺族が，当該事業者に対して金銭的な賠償を求める場合である。そのような請求の法的な根拠は，不法行為責任について定める**民法709条**（⇨*Chapter 1*）にあり，したがって，原告の請求が認められるためには，民法709条の定める

各要件をクリアする必要がある。ここでは，民法709条に基づく不法行為責任が成立するにあたっての主なポイントを取り上げる。

① 故意・過失

環境分野における損害賠償訴訟においては，故意（一定の結果が発生することを知りつつ，その結果の発生を認容すること）が問題とされる事案はあまりないため，実際に争点となるのは，過失（通常要求される注意義務を怠ること）である。過失の有無については，①結果の発生を予見できた場合には，それだけで過失が存在するとする**予見可能性説**と，②結果の発生を予見でき，さらに，その結果を回避する可能性または義務違反が存在する場合に初めて過失が存在するとする**回避可能性説**がある。

公害事件に関する初めての大審院（明治憲法下最上級裁判所 **2-1**）の判決である**大阪アルカリ事件**（⇨*Column*）では，事業者がその事業の性質に従い相当程度の防止設備を施していた場合には過失があるとはいえないと判示され（大判大正5年12月22日民録22輯2474頁），回避可能性説が採用された。もっとも，**四大公害事件**をはじめとするその後の事案では，判例は，基本的には回避可能性説の立場を維持しつつも，回

2-1 大審院と現在の最高裁判所

大審院　　　　　　　　　　　（写真：日本建築学会図書館蔵）

最高裁判所

避可能性の判断につき厳しい態度をとって過失を認定している（熊本水俣病第1次訴訟熊本地裁判決では，水俣病の原因企業には必要最大限の防止措置を講ずべき高度の注意義務があったとして，その過失を肯定した。熊本地判昭和48年3月20日判時696号15頁。なお，***Chapter 3*** における水俣病に関する記述も参照）。

②　権利侵害・違法性

　判例は，個別の事案ごとに被害者の**受忍限度**（一般人が社会通念上，我慢〔受忍〕できる被害の程度）を決めて，それを超えるような加害行為があった場合に初めて違法と判断している。具体的には，被侵害利益の性質と内容，加害行為の公共性，環境法規の遵守状況，公害防止設備の設置状況，加害者と被害者の先住・後住関係などを総合的に考慮して判断している。

③　因果関係

　加害者の責任が認められるためには，加害行為と損害の発生との間に**因果関係**があることが必要となる。通常の民事訴訟では，因果関係の立証は原告がしなければいけないとされている。しかし，公害訴訟においては，発生源と汚染経路を確定して，被害発生の科学的メカニズムを解明するのは困難であるうえ，立証に必要な情報は加害者側（企業）が独占して開示しない場合が多い。そのため，公害訴訟においては，判例上，原告側の証明の負担を軽減する考え方がとられており，原告側は，自然科学的な立証ではなく，経験則に照らして高度の蓋然性（あることが起こる「確からしさ」）があることを立証すればよいとされている。

　たとえば，被告企業が製造工程図を焼却し，工場を完全撤去してしまった新潟水俣病事件第1次訴訟の第1審判決（新潟地判昭和46年9月

29日判時642号96頁）では，「門前到達論」という考え方が採用された。原因物質，汚染経路までを原告（被害者）が立証すれば，工場での原因物質生成過程は事実上推定され，そのような物質を工場が排出していないことの立証責任は工場側に転換されるというのである。そして，この事案において被告企業は，十分な立証をすることができなかったため，因果関係は肯定された（⇨***Column***）。

　(**b**)　**差止訴訟**　　被害がすでに発生している場合には，金銭による損害賠償を求めざるを得ない。しかし，一番良いのは，そもそも被害が発生しないことである。すなわち，被害が発生する前の段階で，被害をもたらす可能性の高い活動をストップさせることが求められる。損害賠償のような事後的な救済はあくまで次善の策であり，事前に被害を予防することができれば，それに越したことはない。そこで登場するのが，差止訴訟である。差止請求の具体的内容としては，建設工事の中止，公害施設の操業停止，公害防除施設の設置，操業方法の変更など，様々な態様があり得る。

①　差止請求の根拠

　損害賠償請求とは異なり，差止請求に関する民法上の明文の規定は存在しない。そのため，差止請求の根拠については諸説存在するが，一般的には，**人格権**（個人の存在や人格と不可分な利益に関する権利）を根拠として認められると解されている。

②　差止請求が認容されるための要件

　裁判所が差止請求を認容するか否かの判断基準は，基本的に損害賠償訴訟と同様であり，通

常，（差止めによって得られる）被害者の利益と（差止めによって失われる）加害者の利益とを比較衡量し，原告（被害者）の主張する被害が受忍限度を超えているか否かという点である。

もっとも，差止訴訟においては，工場の操業停止が求められるなど，事業活動に大きな影響が生じたり，または社会的に有用な活動を停止させるおそれがある。そこで，差止めが認められるためには，金銭賠償の場合よりも高い違法性が要求されるとする考え（**違法性段階論**）が有力に主張されている。

(2) 行政訴訟

環境問題による被害発生を防止するために，行政を相手取って裁判所に訴えるケースもある。この場合に用いるのが，行政訴訟である。行政訴訟にはいくつもの種類が存在するが，ここでは，環境紛争の解決にあたって主に登場するものに絞って紹介する。

(a) 抗告訴訟　行政訴訟の代表的な類型が，行政事件訴訟法に定められた**抗告訴訟**である。

産業廃棄物の処理業を営むには，行政からの「許可」が必要になっている（⇨**Chapter 8**）。工場の操業を開始しようとする場合にも，操業「認可」が必要になる場合がある。このような「許可」や「認可」は，行政事件訴訟法との関係では，**行政処分**（処分）と呼ばれるタイプの行政活動に該当する（「許可」「認可」については，

Chapter 1を参照）。そして，これら行政処分の法的効果を裁判所で争う場合（たとえば，違法な産廃処理を行っている業者に対して出されている「許可」を取り消してほしいと考えた場合など）には，行政事件訴訟法が規定する**抗告訴訟**を必ず用いることになっている。

抗告訴訟については，行政事件訴訟法上6つの種類が定められている（行政事件訴訟法3条2項〜7項を参照）。ここでは，それらのうち，環境紛争解決にとって特に重要なものをいくつか取り上げて紹介する。

① 取消訴訟

取消訴訟は，違法な行政処分を裁判所に取り消してもらうための訴訟で，抗告訴訟の中でも中心的な類型である。有害物質を垂れ流す違法な操業を行っている工場の周辺住民が，当該工場業者に対して出されている「操業認可」を取り消してほしいと考えたときなどに用いられる。

② 義務付け訴訟

義務付け訴訟は，行政が事業者に対する規制権限の行使を怠って，違法な事業活動を放置しているような場合に，それにより被害を受ける者が，行政が適切な権限行使をするように求めて提起する訴訟である。義務付け訴訟は，環境分野においては，行政による不作為（施設の改善命令を出さないなど）で苦しめられてきた住民に対する直截的な救済を可能とするものとして重要な位置づけを占めている（例として，飯塚市

Column

飯塚市産廃処分場事件

　飯塚市（旧筑穂町）産業廃棄物最終処分場に有害廃棄物が違法に搬入され，ここから染み出した鉛をはじめとする有害物質が地下水等を汚染した事案で，有害廃棄物の撤去を求める住民が，廃棄物の撤去を行うか，もしくは業者に撤去を行うよう命じることを福岡県に義務付ける内容の判決を求めて義務付け訴訟を提起した。控訴審の福岡高等裁判所は，違法な廃棄物の撤去など必要な措置を業者に命じるよう福岡県に義務付ける，住民側勝訴の判断を下して注目を集めた（福岡高判平成23年2月7日判時2122号45頁。その後，上告が棄却されたことで高裁の判決内容が確定）。

　廃棄物の不法投棄関係の紛争では，業者に資力がない場合が多く，そのような場合に，資力がない業者の代わりに，行政に

排水場にたまった汚水を眺める住民。
（朝日新聞 2008年3月24日朝刊）

対して救済策の実施を求めることができる義務付け訴訟は，有効な救済ツールとなるのである（上記事案でも，業者は破産しており，最終的には福岡県が代執行で廃棄物の除去を行った）。

産廃処分場事件⇨*Column*）。

③ 差止訴訟

（処分の）**差止訴訟**は，行政が一定の処分をすべきでないにもかかわらずこれがされようとしている場合において，その処分をしてはならない旨を命ずることを求める訴訟である。環境破壊は不可逆的な被害をもたらすことが多いため，たとえば，開発許可により被害を受けるおそれのある近隣住民が，開発許可の差止めが実現できれば，被害の発生を未然に防ぐことができるようになる。そのような意味で，環境分野にとって重要な救済ツールである（環境分野における差止訴訟として著名な鞆の浦訴訟については，*Chapter 7* 参照）。

（b）**住民訴訟**　　**住民訴訟**は，自治体の住民が，地方自治体の財務会計上の違法な行為でその財産に損害を及ぼす行為の差止めを求めたり，それによって生じた損害の賠償を請求したりする訴訟である（地方自治法 242 条の 2）。住民訴訟は，住民が，自らの住む地方自治体がおかしな公金の使い方をしないように監視をするためのツールとして設けられている仕組みであるが，「自治体の住民」ならだれでも提起することができ，訴訟を提起する際のハードルが低いため，環境紛争においても活用されている。環境分野で住民訴訟が活用された著名な例としては，工場排水により河川や港湾が汚染されたため，河川や港湾の底面をさらって土砂などを取り去る費用を県が支出したことの違法性が問われた田子の浦ヘドロ訴訟（最判昭和 57 年 7 月 13 日民集 36 巻 6 号 970 頁）や，干潟の埋め立てによる人工島の建設が問題となった泡瀬干潟埋立公金支出差止訴訟（那覇地判平成 20 年 11 月 19 日判自 328 号 43 頁）などがある。

（c）**国家賠償訴訟**　　環境紛争においては，道路公害，空港公害，新幹線公害など，公共事業や公共施設によって引き起こされる被害が問題となる例は少なくない。また，水俣病（⇨*Chapter 3*）のように，行政が原因企業に対して必要な措置を取らなかったために被害が拡大した例もある。このような場合に，国や自治体に対して，行政上の違法行為によって生じた損害の金銭的賠償を求める訴訟を**国家賠償訴訟**という。国家賠償訴訟は，訴訟の種類としては民事訴訟に属する類型であるが，行政を相手とする訴訟ということで，ここで取り扱う。

① 公務員の職務上の行為によって生じた被害に対する損害賠償

国家賠償法 1 条 1 項は，「国又は公共団体の公権力の行使に当る公務員が，その職務を行うについて，故意又は過失によつて違法に他人に損害を加えたときは，国又は公共団体が，これを賠償する責に任ずる」旨規定し，違法な行政活動によって国民が損害を被った場合の賠償の仕組みを設けている。そして，国家賠償法 1 条 1 項にいう**公権力の行使**には，行政の不作為（行政による規制権限の不行使）や立法の不作為も含まれている。

従前は，行政による規制権限の不行使について，裁判所に行政側の責任を認めてもらうことは極めて困難であるとされていた（⇨*Column*）。しかし，近年は，①筑豊じん肺訴訟最高裁判決（最判平成 16 年 4 月 27 日民集 58 巻 4 号 1032 頁）が，通商産業大臣（当時）が石炭鉱山におけるじん肺発生防止のための規制権限を行使しなかったことについて，また，②水俣病関西訴訟最高裁判決（最判平成 16 年 10 月 15 日民集 58 巻 7 号 1802 頁。⇨*Chapter 3*）が，国と熊本県が水俣病の発生・拡大防止を怠った規制権限の不行使について，③泉南アスベスト訴訟最高裁判決（最判平成 26 年 10 月 9 日民集 68 巻 8 号 799 頁。⇨*Chapter 3*）が，国（労働大臣〔当時〕）が規制権限を行使して石綿工場に局所排気装置を設置することを義務づけなかったことについて，それぞれ国家賠償法の適用上違法であると判断するなど，裁判において規制権限不行使の責任が

Column

行政便宜主義

　行政には，規制権限を行使するか否か，行使するとしてどのような権限を行使するかという点につき広い裁量（判断の自由）が与えられていて，権限の不行使によって原則として違法性は生じないとする考え方。従前は，このような考え方が一般的であったため，規制権限の不行使の違法性は認められにくかった。

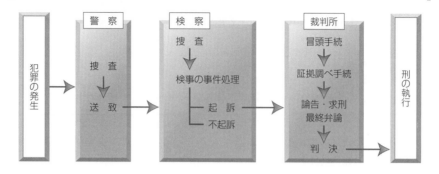

2-2 刑事訴訟手続の流れ

警察 — 捜査 → 送致

検察 — 捜査 → 検事の事件処理 — 起訴 / 不起訴

裁判所 — 冒頭手続 → 証拠調べ手続 → 論告・求刑 最終弁論 → 判決

犯罪の発生 → 刑の執行

肯定される例もみられるようになっている。

　②　営造物責任

　国家賠償法2条は，公の営造物の設置または管理に瑕疵があったために他人に損害が生じた場合には，国または公共団体は，これを賠償する責任を負う旨を規定している。ここにいう「公の営造物」とは，公の目的に供されている施設をいうとされ，道路，空港のほか，河川や海浜なども含まれる。たとえば，**国道43号線訴訟最高裁判決**（最判平成7年7月7日民集49巻7号1870頁）では，国道を走行する車両によって発生する騒音の被害に関して，国の道路設置管理ミスが認められている。

　(3)　刑事訴訟

　環境法規違反に対する制裁として，**刑事罰**が科せられることがある。そのような場合には，刑事訴訟手続が用いられる（刑事訴訟手続の大まかな流れについては，**2-2**を参照）。刑事訴訟においては，犯罪被害者ではなく，検察官が国家を代表して犯罪者（個人・法人）を訴えることになる。

　環境法規違反に対する制裁として刑事罰が科せられる際の仕組みには，2つの種類がある。第1は，法令の違反行為があった場合に直ちに適用することとするもの（**直罰制**）である。第2は，法令違反行為に対して，まずその行為を是正するよう命令を下し，当該命令違反があった場合に適用することとするもの（**命令前置制**）である。

　環境法の刑事事件としては，水質汚濁防止法

に関するものと廃棄物処理法（⇨**Chapter 8**）に関するものが多いようである。また，実際には，**略式手続**（被疑者の同意を得て，正式な裁判手続〔**2-2**参照。手続は公開で行われる〕によらず，簡易裁判所が書面審理で刑を言い渡す，より簡易な刑事手続）で処理が行われる場合が多い。

　(4)　交錯する各種訴訟手続

　環境関係の紛争では，1つの事案において多数の当事者・複数の論点が関係しあうものがあり，そのような場合には，1つの事案について複数の種類・数の訴訟が提起される場合が少なくない。ここでは，そのような典型例である，国立マンション事件を見てみることとしよう（**Chapter 7**も参照）。

　東京都国立市には，JR国立駅から南に延びる幅約44m，長さ約1.2kmの道があり，その中央付近の両側には一橋大学の敷地があることから，この道は「大学通り」と呼ばれている。大学通りの両側には銀杏並木があり，「新東京百景」にも選ばれた，美しい景観となっている。

　1999年夏，この通り沿いに14階建て，高さ約44mのマンション**C-3**の建設計画が明らかになると，大学通り沿いの並木の高さ（20m）とマンションの高さが調和せず，景観が損なわれると考えた付近住民・学校法人などが反対運動を展開した。このようななかで，当該マンションの建設の是非およびその建設をめぐる各種問題について，マンション建設反対の住民ら・マンション事業者・行政の三者の間で様々な訴訟が提起されることになった**2-3**。

2-3 国立マンション訴訟における各裁判の概要

訴訟当事者	行政訴訟・ 民事訴訟の別	主たる訴え内容
マンション事業者→国立市	行政訴訟	建築物の高さ制限を定める条例の無効確認または取消しを求める訴え
反対住民ら→東京都	行政訴訟	東京都に建築物の是正命令を出すことを求める訴え
反対住民ら→マンション事業者	民事訴訟	マンションのうち高さ20 mを超える部分の撤去
マンション事業者→国立市	民事訴訟 （国家賠償請求訴訟）	マンションの販売価格が下がったこと等を理由に，市に対して損害賠償請求*

＊この訴訟で敗訴した国立市が建設業者に支払った賠償金の支払いを当時の市長に求める住民訴訟も別途提起されている。

2-4 公害紛争処理の仕組み

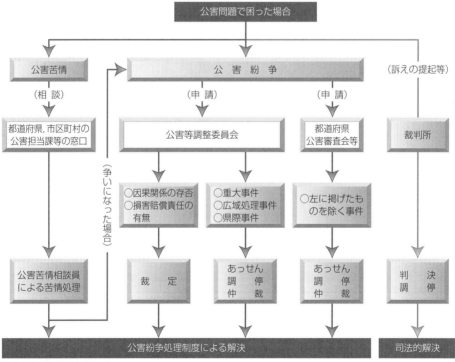

■公害紛争処理手続の種類
• 公害紛争処理制度には，「裁定」，「調停」等の手続がある。
• 裁定は，申請人が主張する加害行為と被害との間の因果関係の存否（原因裁定）や損害賠償責任（責任裁定）に関し，法律判断を行うことによって紛争の解決を図る手続である。
• 調停は，公害紛争処理機関が当事者の間に入って両者の話合いを積極的にリードし，双方の互譲に基づく合意によって紛争の解決を図る手続である。調停は都道府県公害審査会等でも行うが，裁定は公害等調整委員会のみが行う。
（総務省ウェブサイトの図をもとに作成）

2 裁判以外の手法で解決するための仕組み──公害紛争処理制度を例に

　環境紛争を解決するための手段には，裁判以外にもいろいろな手法が存在しており，それぞれ救済制度としてのメリット・デメリットがある。ここでは，公害紛争を行政が解決するための仕組みとして設けられている，公害紛争処理制度を取り上げよう。

　公害紛争には，①原因究明のための費用がかさむ傾向にある，②紛争の当事者の間で訴訟遂行能力に格差が存在することが多い，③問題の解決に当たり専門的な知識が必要とされることが多い，といった特徴があり，裁判による解決には一定の限界がある。そのため，1970年に公害紛争処理法が制定され，行政による公害紛争処理のための制度が導入されることになった **2-4**。

　公害紛争処理法に基づいて，公害紛争を裁判外で解決するための行政機関として総務省に設置されている公害等調整委員会による紛争処理と，裁判所による紛争処理との違いについては，**2-5** を参照されたい。

　裁判所による紛争解決と比較した場合の，公害等調整委員会や都道府県公害審査会による紛争解決のメリットとして重要なのは，**2-5** で最後に挙げた，「後の環境行政への反映を意識した紛争処理が行われ得る」という点である。公害等調整委員会（都道府県の場合は，都道府県公害審査会等）は，裁判所とは異なり，争いの対象について，違法・適法の判断を行うだけでなく，当該問題をより抜本的に解決するための政策的な提案もすることができる。たとえば，スパイクタイヤ事件では，スパイクタイヤ公害に対する対策が問題となった。スパイクタイヤ公害とは，スパイクタイヤ（硬い特殊合金のピンを表面に埋め込んだ種類のタイヤで，凍った道路を走るのに抜群の効果があった。**2-6**）によって道路の路面が削られ，その削られた粉塵が舞って人の健康を害するというものである。公害等調整委員会による調停では，調停申請人（スパイクタイヤ公害の被害者）と国内の主要スパイクタ

2-5　公害等調整委員会による解決と裁判所による解決の比較

公害等調整委員会による解決	裁判所による解決
法的に独立を保障された委員による審理。ただし，組織的にはあくまで行政機構の一部に位置付けられている	憲法上独立を保障された裁判官による審理
手続費用の主要部分が国庫負担であり，紛争当事者の経済的負担が少ない	訴訟費用がかさむ場合が多い
解決にあたっては，専門的な知識が反映される	担当する裁判官は，必ずしも公害問題の専門家ではない
簡易な紛争処理手続	民事訴訟法の定める厳格な手続に従って審理が行われる
後の環境行政への反映を意識した紛争処理が行われ得る	あくまで一回的な紛争処理が目的で行われる

2-6　スパイクタイヤ

（写真：Allan Wallberg）

2-7　豊島の産業廃棄物

海岸沿いに広がっていた不法投棄産業廃棄物。

（写真：小林恵）

イヤメーカー7社との間で1990年12月末日でのスパイクタイヤ製造中止および1991年3月末日での販売中止をする内容の調停が成立し，このような動きが，1990年の「スパイクタイヤ粉じんの発生の防止に関する法律」の制定につながった。

　また，このような行政による紛争処理ならではのメリットが発揮された事例として，**豊島産廃不法投棄事件**もある（⇨**Chapter 8**）。豊島産廃不法投棄事件では，業者が違法に持ち込んだ莫大な量の有害な産業廃棄物**C-12** **2-7**の処理をどう実現するかが問題となったが，公害等調整委員会による調停案には，この産業廃棄物の処理方法についても盛り込まれ，豊島の近くの直島にある三菱マテリアルの工場で処理を行うことなど，具体的な提案が行われたほか**2-8**，この事件がきっかけとなって「廃棄物の処理及び清掃に関する法律」の改正も行われた。

参考文献

　環境紛争解決のための諸制度については，環境法の教科書を参照すること。

　また，行政訴訟・民事訴訟・刑事訴訟に関する詳細は，行政法・民事訴訟法・刑事訴訟法の教科書を参照すること。

2-8 直島での再処理が終了した旨を伝える新聞記事

溶融炉を停止する浜田恵造知事（右）＝直島町

豊島の不法産廃 処理終了

大事故なし直島安堵

国内最大規模の産廃不法投棄事件が起きた豊島から直島の無害化処理施設に運び込まれた産廃の溶融処理が終了した12日，豊島の産廃問題は，大きな節目を迎えた。直島で産廃の受け入れを始めて14年。直島町の浜中満則町長は「事故もなく終了し，ほっとした」と安堵の表情を浮かべた。

午前10時，浜田恵造知事や浜中町長らが中央制御室に入った。溶融炉を管理するパソコンの前に浜田知事

とクボタ環境サービスの岩部秀樹社長が座り，作業停止の指令を送ると，溶融炉が停止準備に入った。約1300度ある溶融炉の火は1時間に50度のペースで徐々に落とされ，19時間後に停止する。

浜田知事は操作後，「大きな区切りを迎えることができ，誠に感慨深いものがある。廃棄物の処理は完了したが，施設の撤去など今後とも全力で取り組んでいく」とあいさつ。廃棄物対策豊島住民会議の安岐正三事務局長は「よくぞここまで来た，という万感の思いで，原状復帰に向け，また次のページに進んだ。まだ

道半ばではあるが，今後も元の姿を取り戻すまで，努力は惜しまない」と語った。

直島では，公害調停が合意する3カ月前の2000年3月，産廃の受け入れを決定。製錬業の三菱マテリアルの工場敷地内に県が溶融炉を含む無害化処理施設を建設し，産廃を運び込むことになった。

03年の産廃受け入れを契機に，エコタウン事業計画を打ち出した。また銅産業の構造不況に悩む三菱マテリアルでは新たにリサイクル事業に乗り出し，雇用も安定した。浜中町長は「ごみの受け入れという負の要素をプラスに転換できた。万一，運搬船が沈んだら，町に影響が出る事故があったらと心配もしたがそれもなく終わり，これからも環境とアートの島として進んでいきたい」と話す。

県内屈指のハマチ養殖の生産量をほこる直島漁協で

は当初，風評被害を懸念した反対の声が上がっていた。だが目立った被害はなく，対策金として県から出される5億円を使うこともなく県に返している。処理

の終了を見守った高野勇組合長は「心配していた風評も終えて良かった。大した事故がなかったことに感謝している」と話した。

（田中志乃）

（朝日新聞 2017年6月13日朝刊）

1 「公害」問題の典型としての水質汚染・大気汚染

「公害」とはどのような概念だろうか。日常会話では様々な意味に用いられたりもするが，環境基本法上の定義では，「環境の保全上の支障のうち，事業活動その他の人の活動に伴って生ずる相当範囲にわたる大気の汚染，水質の汚濁……，土壌の汚染，騒音，振動，地盤の沈下……及び悪臭によって，人の健康又は生活環境……に係る被害が生ずることをいう」（同法2条3項）とされている。したがって，とある問題が環境基本法上の「公害」に該当するためには，①典型7公害（大気の汚染，水質の汚濁，土壌の汚染，騒音，振動，地盤の沈下，悪臭）に該当し，②人為的活動に起因しており，③汚染が相当範囲にわたり，④人の生活に密接な関係のある財産，動植物等を含め，人の健康または生活環境に係る被害が生じていること，の各要件を満たす必要があるということになる。

そして，従来，公害問題の中でも中心的存在になっていたのが，本章で取り上げる水質汚染および大気汚染をめぐる問題である。

2 水質汚染・大気汚染の防止に関する規制の仕組みをめぐる経緯

戦前も，足尾銅山鉱毒事件（⇨**Column**）や大阪アルカリ事件（⇨**Chapter 2**）など，一定の公害事案は存在していたが，問題が特に深刻化したのは，戦後，特に高度経済成長期である。企業に対して厳しい公害規制をかけることは，経済成長の鈍化につながる。そのため，水質汚染にしろ，大気汚染にしろ，国レベルでの対応は著しく後れを取ることになった（⇨**Chapter 1**）。

そうしたなかで，公害問題については，自治体の公害規制条例による規制が先行した（1949年に制定された東京都工場公害防止条例は，その先

がけとされる）。もっとも，その後，公害問題の広域化・深刻化が進み，いくつかの分野においては公害規制に関して国レベルで個別法が制定されることになった。その例として挙げられるのが，1958年に制定された「公共用水域の水質の保全に関する法律」および「工場排水等の規制に関する法律」（2つを合わせて水質二法という）であり，1962年に制定された「ばい煙の排出の規制等に関する法律」（ばい煙規制法）である。

しかし，水質二法にしろ，ばい煙規制法にしろ，その内容には限界があった。たとえば，水質二法については，経済発展と環境保全との調和条項（⇨**Chapter 1**）があり，環境保全は産業

⁓⁓ Column ⁓⁓

足尾銅山鉱毒事件——日本の公害事件のルーツ

栃木県と群馬県の渡良瀬川周辺で明治時代初期（19世紀後半）より起きた公害事件。足尾銅山における採鉱事業から生じる排煙，鉱毒ガス，鉱毒水などの有害物質が周辺環境に流出し，大規模な環境被害を生じさせた。田中正造（栃木県出身の衆議院議員。写真の人物）による運動をはじめ，鉱毒被害を主張して原因企業である古川鉱業株式会社の責任を追及する動きが展開されたものの，政府は積極的には鉱毒対策を行わなかった。加害者として古河鉱業の責任が決定したのは，被害発生から約1世紀後の1974年のことである。

（写真：国立国会図書館ウェブサイト）

発展を阻害しない範囲でされることになっており，指定水域主義（全国どこでも規制が及ぶのではなく，ある地域で問題が発生した後で，その地域を規制対象に指定するという事後対応になっていた）が採用され，また，排水規制も緩かった。ばい煙規制法についても同様の状況にあり，調和条項の存在，指定地域制の採用，緩い排出基準，少ない規制対象物質数といった問題が指摘されていた。

その後，大気については，1967年の公害対策基本法の制定に合わせて，1968年にばい煙規制法に代えて大気汚染防止法が制定され，一定の前進が見られていたところであったが，さらに，1970年のいわゆる公害国会（⇨*Chapter 1*）において，水・大気のいずれについても法的な手当てが行われた。具体的には，水質二法は廃止されて，水質汚濁防止法が制定された。大気汚染防止法も抜本的な改正がされ，水・大気のいずれについても，法目的からの調和条項の削除，指定地域制度の廃止と規制区域の全国拡大，排出基準違反に対する直罰制（基準に違反すれば，命令とその後の命令違反の過程を経ずに，刑事責任を直接問い得るとする仕組み⇨*Chapter 2*）の採用などが実現し，現代につながる法制度の基礎が整備されることになった。

3 水質汚染の事例──水俣病

(1) 水俣病とは

公害病としてあまりに有名な水俣病は，化学工場から海や河川に排出されたメチル水銀化合物を体内に高濃度に蓄積した魚介類を，日常的に摂取した住民の間に発生した中毒性の神経疾患である。熊本県水俣湾周辺を中心とする八代海沿岸で発生し **C-4**，その後，新潟県阿賀野川流域においても発生が確認された（なお，以下，単に「水俣病」という場合，特に断らない限りは熊本で発生した水俣病を指すこととする）。

水俣湾は，元来豊饒な海で，周辺住民の多くは漁をして生計を立てていた。その水俣湾周辺で，1950年代前半頃より，原因不明の患者が発生するようになった。また，同時期には，現地周辺において海に大量の魚の死体が浮かび，

猫がキリキリ舞いをしながら狂い死にする現象もみられていた **3-1**。そうしたなかで，水俣病について政府が公式に見解を発表し，水俣病の原因が，新日本窒素肥料株式会社（現チッソ株式会社。以下，単に「チッソ社」という）の水俣工場におけるアセトアルデヒド酢酸設備内で生成されたメチル水銀化合物であると断定するのは，水俣病患者が公式に確認された1956年から10年以上経った1968年のことであった。

なお，1958年に制定された水質二法（⇨**2**）は，水俣病やイタイイタイ病への対応をその目的としていたが，実際には，様々な利害対立の中で指定水域の指定が進まなかった。水俣湾の汚染についても，ようやく水質二法の適用が認められたのは，原因となったアセトアルデヒドの生産がすでに中止されていた時期になってからであったため，水質二法は，水俣病対策として機能しなかった（先述の通り，工場排水を一括

3-1 1950年代当時の百間排水口

チッソ社の工場からの排水は，百間排水口を通じて水俣湾に流されていた。　　　　　　　　　（写真：朝日新聞）

Column

水俣病患者に対する不当な差別──企業城下町としての水俣

水俣病は当初，感染する「奇病」だとされたこと，また，貧しい零細漁民中心に発症したこともあって，水俣病患者は一般市民から不当な差別を受けた。

さらに，水俣市はチッソ社が市経済の中心を担う企業城下町であった。そのため，水俣市においては，市役所，市議会，一般市民など，市ぐるみでチッソ社にとって不都合な言動は排斥され，チッソ社に盾をつこうとしているとされた水俣病患者は疎まれた。そうしたなかで，患者の中には，自らが水俣病に罹っていることを隠すものも多くいたという。

石牟礼道子『新装版 苦海浄土──わが水俣病』
講談社文庫（2004年）の裏表紙紹介文より
抜粋

「工場排水の水銀が引き起こした文明の病・水俣病。
この地に育った著者は，患者とその家族の苦しみを自
らのものとして，壮絶かつ清烈な記録を綴った。本作
は，世に出て30数年を経たいまなお，極限状況にあ
っても輝きを失わない人間の尊厳を訴えてやまない。
末永く読み継がれるべき〈いのちの文学〉の新装版。」

（出典：講談社）

規制できるようになるのは，1970年に水質二法に代
わって水質汚濁防止法が制定されてからである）。

(2) 熊本水俣病第1次訴訟──原因企業に対する損害賠償請求訴訟

政府の公式見解発表の翌年である1969年，
加害企業であるチッソ社を相手取って慰謝料の
支払いを請求する損害賠償請求訴訟が，一部の
患者らによって提起された（熊本水俣病第1次訴
訟）。裁判においては，チッソ社は，水俣工場
における製造過程で排水中にメチル水銀化合物
が生成・混入し，魚介類を汚染し，これを摂食
した原告らが発病したことは，事件発生後の調
査研究によって明らかになったのであり，当時
のチッソ社にとっては予見不可能で過失がない
こと等を主張した。これに対し，熊本地裁は，
チッソ社の主張を退けて，チッソ社の責任を認
め，チッソ社に対し患者側へ損害賠償を命じる
画期的判決を下した（熊本地判昭和48年3月20
日判時696号15頁，**Chapter 1** **1-8** 参照）。その
後，チッソ社は控訴を断念したため，熊本地裁

判決は確定した。

(3) 政治的解決と各種訴訟，立法的救済

水俣病患者は，公害健康被害の補償等に関す
る法律（公健法。1973年に，その前身である「公害
に係る健康被害の救済に関する特別措置法」に代わ
るものとして制定された）の適用を受ける水俣病
患者として認定されると，患者らとチッソ社と
の間で締結された補償協定に基づく補償（慰謝
料や医療費の全額支給など）を受けることができ
るようになる。そのため，水俣病患者にとって
は，公健法上の認定を受けることができるか否
かが重要になるが，厚生省（現・厚生労働省）が
定めた基準（「昭和52年判断条件」。公健法に基づ
く認定を受けるためには，感覚障害を中心に複数の
症状があることを原則としていた）が厳しく，公
健法認定を申請しても認定してもらえない患者
が多数存在してきた。このような公健法未認定
患者につき，当時の政権は，1995年に政治的
な解決を図り，一時金や医療費の支給を受ける
ことと引き換えに裁判所に提起している訴えを
取り下げることについて関係者間で合意された
が，一部の患者らは，政治的解決を利用せず，
裁判も取り下げないままであった。

この政治的解決を利用しなかった患者らとは，
かつて不知火海沿岸に暮らし，その後関西に移
住した患者とその遺族らである。彼らは，国・
熊本県・チッソ社の責任を追及する損害賠償請
求訴訟を，政治的解決後も継続していた（以下
「水俣病関西訴訟」という）。この訴えに対する最
高裁の判断で，司法ははじめて，水俣病被害に
対する国と熊本県の責任を正面から肯定した
（最判平成16年10月15日民集58巻7号1802頁
3-2）。

水俣病関西訴訟最高裁判決がきっかけとなっ
て，新たに救済を求める動きが活発化した。そ
こで，国も，一定の救済拡大を行うなど対策を
とったものの，引き続き救済を求める声は強く，
公健法の認定申請者も多数存在したため，政府
は，水俣病問題の最終的解決策のための法整備
を行う方針を決め，その結果，2009年に，水
俣病被害者の救済及び水俣病問題の解決に関する

3-2 水俣病関西訴訟最高裁判決を報じる新聞記事

水俣病 国・県の責任確定

関西訴訟 最高裁判決

対策の遅れ批判

7150万円賠償命じる

認定基準、広く認める

消極行政に司法の警告

（朝日新聞 2004 年 10 月 16 日朝刊）

査で認定を拒否された女性が同県に認定を求めて出訴した事案について，最高裁は，その女性を水俣病患者と認める方向での判断を示した（最判平成 25 年 4 月 16 日民集 67 巻 4 号 1115 頁。なお，同日に類似事案について同様の判断が示されている〔最判平成 25 年 4 月 16 日判時 2188 号 42 頁〕）。判決は，水俣病の認定要件につき，事案によっては，「昭和 52 年判断条件」が求める複数症状の組み合わせがなくても認定できる余地があるとし，これによって公健法の認定申請数が再び増加することになった。公健法上の認定の許否以外でも，水俣湾の調査実施を国等に対して求める訴訟などが展開されており，水俣病問題は，現代においても，多くの課題を抱えている状況にある。

4 大気汚染の事例──アスベスト問題

（1） アスベストとは

アスベストは天然の繊維性の鉱物で，鉱山で採掘されてきた。綿のような繊維の集まりであるため，別名「石綿（いしわた）」とも呼ばれる **3-3**。繊維 1 本は直径 0.02〜0.3 μm と毛髪の数千分の 1 ほどであり，1 本では目に見えず，人がこれを吸い込んでも気が付かない。

アスベストは安価で，加工のしやすさや物質としての安定性等にも優れており，「魔法の鉱物」「奇跡の鉱物」として重宝され，戦前から船の機関室などで使用されていた。戦後，各種建材用を中心に様々な用途で使用量が急増し，1970〜80 年代にかけて使用のピークを迎えた。一方で，アスベストを吸い込むことによって生じる疾患の存在が認識されるようになり，次第に使用が規制されるようになった。

特別措置法（水俣病特措法）が成立した。水俣病特措法では，「昭和 52 年判断条件」を満たさないものの，救済を必要とする人々を水俣病被害者として救済する内容であったが，公健法認定患者には 1600 万〜1800 万円の一時金が支給される一方で，特措法で支給される一時金は 210 万円と，大きな差が存在し，さらに，水俣病特措法の救済対象外となった人々も存在した。

2013 年には，熊本県による公健法の認定審

3-3 国内で使用された主な石綿

クリソタイル（白石綿）　　クロシドライト（青石綿）　　アモサイト（茶石綿）

（写真：大阪市立環境科学研究センター）

アスベストによって引き起こされる代表的な疾患として，中皮腫と石綿肺がある。中皮腫は，肺を覆っている胸膜などの表面（中皮）付近に腫瘍ができて，それが肺などを取り囲んで圧迫し，呼吸困難などを引き起こす「がん」である。アスベストの繊維は極めて細く，吸い込むと肺の奥深くに突き刺さり，組織に刺激を与え，平均40年の潜伏期間を経て，がん化し，中皮腫を発症させるとされている。中皮腫は他のがんと比べても治療が困難とされ，いったん発症すると予後は悪い。一方，石綿肺は，岩石等を砕く際に飛び散る粉塵を吸い込み，それが肺にたまって肺が硬くなり，呼吸困難をきたす「じん肺」の一種であり，アスベスト粉塵を吸うことによって起こる。石綿肺は，いわゆる「がん」ではないものの，現段階では根本的な治療法はないとされ，一度発症すると長い時間をかけて進行し，呼吸困難になり，やがては死に至る深刻な病である。

(2) クボタ・ショック——労災問題から公害問題へ

当初，わが国においては，アスベストによる健康被害は，主としてアスベストに関わる作業に従事する労働者の問題として位置づけられていた。そのアスベストによる健康被害が，アスベスト関連の仕事に従事しない人々にも生じていることが明らかになり，労災問題から公害問題として広く認識されるようになったのは，いわゆる「クボタ・ショック」がきっかけであった。

クボタ・ショックとは，大手機械メーカーである株式会社クボタの旧神崎工場（兵庫県尼崎市）周辺の住民たちが中皮腫を発症していることが2005年に発覚した事件である。クボタ旧神崎工場では，かつて大量のアスベストを材料に，水道管や住宅建材を製造していた。この工場の周辺に居住歴がある人々が次々に中皮腫を発症するという事態が発生した。それまでも，クボタの従業員の中に中皮腫発症者が存在することはクボタ自身も把握しており，健康診断の実施や中皮腫を発症した従業員の労災申請支援

3-4 クボタ・ショックを報じる新聞記事

（毎日新聞2005年6月29日夕刊）

に取り組んできた。旧神崎工場の「内側」だけでなく，「外側」に患者が存在することが明らかになったとき，当時のクボタ社長は，「まさか，そんなはずが」と言って絶句したという。

このクボタ・ショックを機に，アスベストの危険性は大々的にメディアによって報道されるようになり 3-4 ，社会的関心が高まった。その結果，発覚から1年後の2006年には，労災補償の対象外となっていた一般住民や時効によって請求権を失った労災被害者を救済することを目的とした，「**石綿による健康被害の救済に関する法律**」（石綿健康被害救済法）が制定・施行された。もっとも，石綿健康被害救済法については，「工場の内外格差」（工場の中にいて労災認定等の救済を受けた人と工場の外にいて労災補償の対象外となっている人との間に支給金額の面で開きがあること）の存在や，政府がアスベスト対策の不作為などの責任を認めた「補償」ではなく，「救済」にとどまった点（政府の責任を正面から認めたわけではないこと）などについて課題も存在していた。

(3) 泉南アスベスト訴訟

大阪府南西部に位置する泉南地域は，明治末

期から100年にわたる石綿紡織業の集積地であった。下請けの零細事業主がほとんどで，労働環境は劣悪であり，石綿工場は住宅や田畑と隣接し，工場内はもちろん工場外も石綿で真っ白だったとされる **3-5**。こうしたなか，戦前から現在まで，工場労働者だけでなく，家族ぐるみ，地域ぐるみの石綿被害が広がったが，一方で，石綿は当該地域の住民にとってありふれた日常であり，生活の糧でもあったため，被害が自覚されることはなく，問題が表面化されることもなかった。

そうしたなかで，一大転機となったのが，先述のクボタ・ショックであった。アスベスト公害に関する認知が広まるなか，2006年，泉南地域の石綿被害者が，わが国で初めて，アスベスト被害について国の責任を問う訴訟を提起した（⇨**Column**）。

提訴を受けて下された大阪地方裁判所の判決（大阪地判平成22年5月19日判時2093号3頁）は，

アスベスト健康被害について初めて国の責任を認める画期的な判断となった **3-6**。大阪地裁判決は，国がアスベストの危険性を認識した時期について，「石綿肺は1959年，肺がんと中皮腫については1972年」としたうえで，石綿肺を防止するためには，1960年（じん肺法成立時）までに，局所排気装置の設置を中心とする石綿紛じんの抑制措置を使用者に義務づける必要があったが，国は1971年の特定化学物質等障害予防規則制定まで義務化を怠り，被害の拡大を招き，このような国による規制権限の不行使は違法であるとした。当該訴訟は，いったん高裁レベルで原告が敗訴したが，最終的には最高裁で国の責任が肯定され，原告勝訴が確定した（最判平成26年10月9日民集68巻8号799頁）。

3-5 泉南地域のアスベスト工場

作業の様子。マスクもせずに，素手で石綿と木綿などを混ぜ合わせている。 （写真：大阪アスベスト弁護団）

Column

伊藤明子「大阪・泉南アスベスト国賠訴訟の経緯とこれからの課題」労働法律旬報1837号（2015年）より抜粋

「従業員に対する安全配慮義務を負い，近隣住民に対する公害防止義務を負うべき石綿工場の零細事業主は，自ら率先して石綿まみれになって働き，斃れた被害者でもあった。資金力，技術力，情報収集力のない彼らに，十分な対策を期待することは元来きわめて困難であった。泉南地域の石綿被害を知悉し，これを防ぐことができたのは，国であり，真の加害者は国であった。」

3-6 泉南アスベスト大阪地裁判決の新聞記事

石綿 国の不作為認定

泉南訴訟

26人へ賠償命令

大阪地裁判決

大阪府南部の泉南地域にあった石綿紡織工場の元労働者や元周辺住民ら石綿関連疾患の患者らが石綿関連の肺がんになったのは，国がアスベスト（石綿）の規制を怠ったのが原因だとして，元労働者ら約30人が計約9億4600万円の賠償を求めた訴訟の判決が19日，大阪地裁であった。小西義博裁判長は国の不備を認め，賠償金を支払うよう命じた。石綿被害をめぐり，国の「不作為責任」を認めた判決は初めて。

勝訴したのは26人。賠償額は1人あたり約4千～約6百万円。小西裁判長は「石綿対策を命令で義務づける」と述べた。

石綿被害で国の不作為責任を問う訴訟は続き，首都圏の建設労働者らの05年以降に提訴，横浜地裁にそれぞれ提訴，仙台や尼崎市の工場の被害者も同様の訴訟を起こし，国の責任を問う訴訟が相次いでいる。

泉南は，石綿紡織業が約100年前から石綿関連産業が始まり，操業が現在住民約29人，場労働者ら元周辺住民ら29人が2006年5月以降，国を訴えた「近藤暴露」を訴訟。

相手に被害者1人あたり3800万～4400万円の賠償を求めて提訴した。工場の操業が現在も続いている。

原告側は，国は戦前に泉南地域を中心とした石綿関連疾患が審査を実施し，その1割以上が石綿肺にかかっていると把握していたと指摘。石綿肺が多く発生していると指摘，47年には，危険性を認識していた。

その上で，国は石綿が舞い散らないよう排気する作業場で扱うなど作業環境を改善する「局所排気装置」の設置を労働者を守るための「危険性を認識できたのに，規制が遅れた」として周辺住民も守れなかったと主張した。

06年以降に提訴した元労働者1人と元住民の遺族3人。

首都圏の建設労働者らの05年以降に提訴，仙台や横浜地裁にも提訴。同様に国の責任を問う訴訟が相次いでいる。

被害を広げた結果，健康被害が広がり，周辺住民に被害が及んだと認め，賠償を命じた。

（平賀拓哉）

書類審査を実施し，その1割以上が石綿肺にかかっていると把握していると指摘。石綿肺が発生していると指摘，47年には，危険性を認識していた。

その上で，国は石綿が舞い散らないよう排気する作業場で扱うなど作業環境を改善する「局所排気装置」の設置を労働者を守るための「60年以降」に義務づけられたのに，71年までそれを怠ったと指摘。「経済発展の目的としたこうした国の義務を怠り，周辺住民の工場の操業が少なく，石綿被害が少なく，石綿被害の所見も認められない」としていた。

これに対し，国側は反論。「47年以前から技術水準などで規制できなかった」と反論し，「60年以前には，技術的に重い」と反論した。

（朝日新聞 2010年5月19日夕刊）

⑷　広がり続けるアスベスト被害

　深刻な健康被害を発生させるアスベストについては，**大気汚染防止法・労働安全衛生法・廃棄物の処理及び清掃に関する法律（廃棄物処理法）**等を通じて順次対策が強化されてはきた（たとえば，大気汚染防止法においては，数次にわたる改正を通じ，石綿を使用している建築物等の解体等による飛散防止対策の強化がなされている）。しかし，アスベストによる健康被害は長い時間をかけて顕在化するものが多く，また，規制の網の目をすり抜けた違法な解体工事（後述⒝）なども発生しているため，問題は未だ収拾する状況にない。

　⒜　**様々な業種での被害発生**　　アスベストは，建材や様々な種類の部品に使用されてきたため，健康被害は幅広い種類の産業に及んでいる。産業別の被害数を見ると，最も被害者が多いのは建設業だとされる。普段は硬く固められ飛散しにくい石綿含有建材も，電動のこぎりで切断すれば，粉塵が飛び散って，粉塵を吸い込む危険が生じることになる。**首都圏建設アスベスト訴訟**は，そのような建設作業員たちが，国と建材メーカー46社に損害賠償を求めて東京地裁に提訴した事案である。控訴審（東京高判平成30年3月14日裁判所ウェブサイト）は，国の責任を認めた一方で一部の原告に対する損害賠償責任の成立を否定した一審判決の原告敗訴部分を取り消し，原告勝訴の判断を下している。

　建設業界以外でも，鉄道車両に多量のアスベストが使用されてきた鉄道業界，同じく船舶に多量のアスベストが使用されてきた造船業など多種多様な業界において被害が発生している。

　⒝　**吹き付けアスベスト問題**　　吹き付けアスベストとは，セメントなどにアスベストや水を加えて混合し，噴射機を用いて壁・天井・梁・柱などに吹き付けた建材のことで，主として耐火材や吸音材として広く使用されてきた 3-7 。吹き付けアスベストについては，セメント分の劣化によりアスベストの繊維が飛散しやすくなるため，含有率が5%を超えるアスベストの吹き付けは1975年に事実上禁止された一方で，含有率5%以下のものは，1995年頃

3-7　吹き付けアスベスト

劣化して天井から垂れ下がっている。
（写真：中皮腫・じん肺・アスベストセンター）

まで使用されていたとみられている。

　建材などに使用されたアスベストが飛散する危険性が高まるのは，建物の解体・改築時やアスベストの除去工事の際である。先述の通り，アスベストの飛散を防ぐための各種法令が存在する一方で，これら法令の規定を無視する違法工事等が横行しており，現在も人々の健康を危険に晒しているという。

　⒞　**災害とアスベスト**　　1995年の阪神大震災では，約24万棟の建物が全半壊し，人命救助，食料や住宅の確保，ライフラインの復旧等に追われた自治体では，アスベスト対策は後回しにせざるを得ない状況となり，結果として大量のアスベスト粉塵が飛散することになった。この問題に対する国の対応も遅れ，2008年には，阪神大震災で倒壊した建物の解体作業に従事していた男性が中皮腫を発症し，労災認定される事態となっている。中皮腫の潜伏期間の長さに鑑みると，今後患者の増加が予想される。

　2011年の**東日本大震災**でも，阪神大震災と同様に，建物の倒壊によってアスベスト粉塵が飛散する事態となった。首都圏では，近いうちに首都直下型地震が発生するおそれのあることが指摘されて久しいが，首都直下地震が発生した場合にも，アスベスト粉塵による深刻な被害が生じる可能性が指摘されている。

▌参考文献

・原田正純『水俣病』岩波新書（岩波書店，1972年）
・大島秀利『アスベスト──広がる被害』岩波新書（岩波書店，2011年）

Chapter 4 地下に潜む見えないリスク
——土壌汚染対策の法制度

1 土壌汚染とは何か？

(1) 土壌とは何か？

普段意識することはあまりないが，私たちの足元にある「土壌」は，社会生活の面でも環境の面でも非常に重要な役割を有している。もし土壌がなければ，私たちは社会生活を行う基盤を失い，また作物も育てられない。土壌は，生活・生存の基盤を提供する機能，食料や木材等の生産機能（生態系サービス機能），自然生態系や景観を維持・保全する機能，さらには水質浄化や地下水のかん養機能（環境保全機能）等多彩な機能を有している。

こうした多様な機能を有する「土壌」は，生物の死骸や落ち葉等が分解された有機物や鉱物等から構成される「固相」，固相の隙間に存在する土壌空気の「気相」，地下水等の土壌溶液からなる「液相」で構成され，この３つが複雑に絡み合い，強い相互作用を及ぼしあっている。固相はさらに，岩石が風化した粗粒からなる層や，さらにそれらが細かくなった粘土層など年代や地域によって様々な特色を有する地層とな

り，それらが幾重にも積み重なっている **4-1**。

このように複雑で強い相互作用を有する生態系をもつ土壌は，環境の重要な構成因子であり，人をはじめとする生物の生存の基盤となるだけでなく，物質の循環や生態系の維持の要として重要な役割を担っている。

(2) 土壌汚染とは何か？

土壌が汚染されるとは，どういうことであろうか。土壌汚染とは，有害物質により土壌が汚染されることにより，土壌の機能が損なわれたり，人や周辺環境に影響を及ぼす状態である。土壌汚染の形態には，温泉地のヒ素のようにその土壌から**自然由来**的に発生する有害物質による汚染と，工業地の事業場からの有害物質の地下浸透など**人為由来**的に起こされる汚染がある **4-2**。自然由来であろうと人為由来のものであろうと，土壌汚染は，地下でゆっくり時間をかけて拡散していくため，表面化されにくい。また，土壌自体が自浄作用を有している。たとえば，富士山に降り注いだ雨水が長い時間をかけて濾過されてきれいな湧き水となるように，

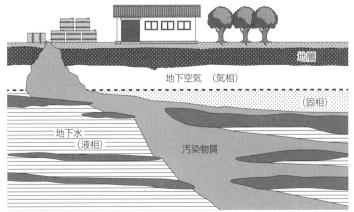

4-1 土壌の構造

地層

地下空気　（気相）

（固相）

地下水
（液相）

汚染物質

土壌の中は，地層の間を地下空気，地下水が流れており，固相だけでなく気相・液相から構成されている。

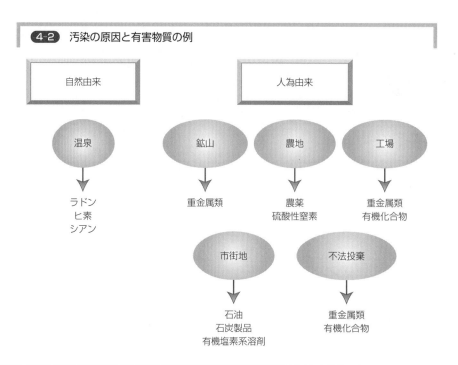

4-2 汚染の原因と有害物質の例

自然由来

人為由来

温泉
↓
ラドン
ヒ素
シアン

鉱山
↓
重金属類

農地
↓
農薬
硫酸性窒素

工場
↓
重金属類
有機化合物

市街地
↓
石油
石炭製品
有機塩素系溶剤

不法投棄
↓
重金属類
有機化合物

4-3 土壌汚染の摂取経路

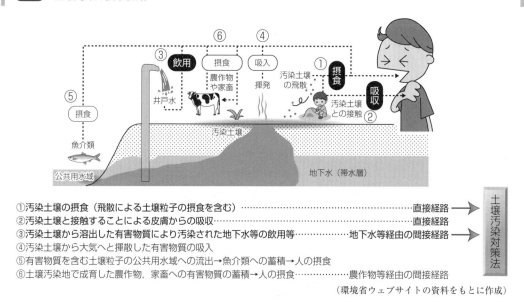

①汚染土壌の摂食（飛散による土壌粒子の摂食を含む）…………………………………直接経路
②汚染土壌と接触することによる皮膚からの吸収…………………………………………直接経路
③汚染土壌から溶出した有害物質により汚染された地下水等の飲用等…………地下水等経由の間接経路
④汚染土壌から大気へと揮散した有害物質の吸入
⑤有害物質を含む土壌粒子の公共用水域への流出→魚介類への蓄積→人の摂食
⑥土壌汚染地で成育した農作物，家畜への有害物質の蓄積→人の摂食………………農作物等経由の間接経路

土壌汚染対策法

（環境省ウェブサイトの資料をもとに作成）

土壌には，その幾重にも重なる地層により有害物質を濾過し浄化する自浄機能がある。このため，この自浄作用が機能している間は，土壌汚染が顕在化することは多くない。自浄作用を超えた有害物質が浸透・蓄積されると深刻な土壌汚染となっていく。

土壌汚染は，大気汚染や水質汚濁と異なり，その拡散速度が遅く，地中で進行しているため，摂取経路が遮断さえされていれば，人が直接摂取することによる健康影響はそれほど問題にならない。摂取経路としては，土壌汚染により汚染された地下水や農作物を人が摂取する，いわゆる間接経路と，汚染土壌を直接摂取する（たとえば，幼児が公園の砂場で砂を口にするなど）直接摂取経路がある **4-3** 。

(3) 土壌汚染の特色

土壌中の有害物質は，地下水や土壌空気により地層の中で拡散していく **4-1** が，大気や水の中での拡散と比較するとゆっくりとした速度である。そのため，長い年月をかけて，同じ場所で蓄積された土壌中の有害物質が，土地の開発等により汚染土壌として表面化していくのが，市街地土壌汚染の典型例である。

土壌汚染の特徴としては，①過去の汚染である，②局地性を有する，③蓄積性の汚染である，という点がまずあげられる。さらに，④いったん汚染されると影響が長期にわたる（不可逆的汚染），⑤汚染源の特定が困難である（長時間かけてゆっくり浸透・拡散しているため），⑥組成が複雑なため，有害物質への反応が多様である，⑦多くの土壌汚染地が私有地である，といったことも大きな特徴である。このため，一度汚染された土壌環境を再び回復することは困難であり，土壌汚染を発生させないための未然防止対策とあわせて，土壌汚染の浄化を行うという総合的な対策が必要となる。

(4) 土壌汚染の歴史

日本で最初に土壌汚染問題が社会問題化したのは，明治時代の足尾銅山鉱毒事件（⇨**Chapter 3**）である。渡良瀬川流域の金属精錬工場に起因する汚染水による農用地の土壌汚染が深刻な被害を発生させ，田中正造による天皇への直訴や被害農民による請願で大きな社会問題となった。1950 年代には，富山県の神通川流域のカドミウムによる農用地汚染により，いわゆるイタイイタイ病が発生した。ここで，問題となったのは，土壌汚染により汚染された地下水や農作物を人が摂取することによる影響で，間接経路による影響であった。

その後，工業化に伴い，工場からの有害物質の地下浸透（地下貯蔵タンクからの漏出や工場からの有害物質の排出）や廃棄物埋立処分場からの有害物質の地下浸透など不適正な有害物質の処理による土壌汚染が発生するようになる。しかし，これらの多くは工場敷地内，私有地での発生であったため，汚染が直接に健康被害に結びつい

た農用地汚染と比べると土壌汚染問題として顕在化することがなく，その結果，農用地対策と比較すると市街地の土壌汚染対策は遅れることとなった。

市街地の土壌汚染が大きな社会問題となったのが，1973 年に東京都が購入した土地に大量のクロム鉱さいが埋め立てられていたことが発覚した江東区大島の六価クロム事件である。その後，有害物質を使用していた工場跡地が再開発されることにより水銀やカドミウム，六価クロムなどの重金属や PCB などの化学物質による土壌汚染が表面化するようになり，市街地土壌汚染対策の必要性が強く認識されるようになった。

2 土壌汚染に関する法律

(1) 農用地土壌汚染防止法

今まで見てきたように，土壌汚染はまずは鉱害問題，その後イタイイタイ病を契機として，農用地土壌汚染による農作物汚染が社会問題化していった。そこで，農用地の土壌汚染問題に対応するために，1970 年に「農用地の土壌の汚染防止等に関する法律」（農用地土壌汚染防止法）が制定された。同法に基づき，農用地の汚染土壌対策（排土，客土〔汚染された土壌をきれいな土壌と入れ替える〕，水源転換〔汚染された水源からではなく，新たにきれいな水源から水を引く〕等）が実施され，2018 年度末時点で，対策事業等完了面積は 7111 ha，93.7％ の完了率となっている。

その後，市街地土壌汚染が新たな土壌汚染問題として社会問題となり，1991 年には，環境基本法 16 条に基づく土壌の汚染に係る環境基準が設定された。現在では，鉛やふっ素など29 項目について土壌基準が設定されている。さらに，市街地土壌汚染対策をすすめるために2002 年に，土壌汚染対策法が制定され，市街地の土壌汚染の対策・規制が実施されている。土壌汚染対策法は，施行を通じて把握された状況を見ながらその課題を解決するために，2009 年と 2017 年に大きな改正が行われている。

(2) 土壌汚染対策法 4-4

土壌汚染対策法は，人への健康被害を防止するために，その摂取経路を遮断する仕組みを規定している。土地の所有者等（所有者，管理者又は占有者）が，土壌汚染調査を行い，土壌環境基準値を超えた土地についてはリスク（⇨Chapter 5）に応じた区域指定がなされ，土地台帳にその旨を記載し，汚染土壌のリスクに応じた措置を講じる，というものである。

土地の所有者等は，土壌汚染を発生させる可能性のある事業場が閉鎖される場合（水質汚濁防止法のもとでの有害物質施設の使用が廃止されたとき）や，3000 m² 以上の開発が行われる土地について，過去の使用履歴から健康被害発生のおそれがある土壌汚染が存在する可能性があると判断されるとき，また都道府県知事が土壌汚染により健康被害のおそれがあると判断するときには，都道府県知事等は，土地所有者等に土壌汚染があるかどうかの調査を命じることができる。

土壌汚染対策法の施行以降，法律に基づく調査以外にも，自主的な調査が行われることが多かった。そこで，自主調査で判明した汚染土壌について適切に対策が講じられない事態の発生を防止するために，2009 年改正により，自主調査で土壌汚染が疑われる場合には土地の所有者等は都道府県知事に対して区域の申請を行うことができるようにされた。

汚染土壌が発見された土地については，人への健康影響を与えないように対策を講じなければならない。対策には，掘削除去（汚染土壌を掘り出し，新たに汚染されていない土壌を埋め戻す）だけでなく，汚染の程度により舗装，盛土，封じ込め，地下水の拡散防止等汚染土壌を人が摂取しないようにする，あるいは拡散を防止する対策があり，これらで十分な場合も多くある。しかし，土壌汚染が発見されると，所有者等は，現実には，法律上は汚染土壌の完全な掘削除去

4-4 土壌汚染対策法の概要

目的

土壌汚染の状況の把握に関する措置及びその汚染による人の健康被害の防止に関する措置を定めること等により，土壌汚染対策の実施を図り，もって国民の健康を保護する。

制度

調査

①有害物質使用特定施設の使用を廃止したとき（法第3条）
- 操業を続ける場合には，一時的に調査の免除を受けることも可能（法第3条第1項ただし書）
- 一時的に調査の免除を受けた土地で，900 ㎡以上の土地の形質の変更を行う際には届出を行い，都道府県知事等の命令を受けて土壌汚染状況調査を行うこと（法第3条第7項，第8項）

②一定規模以上の土地の形質の変更の届出の際に，土壌汚染のおそれがあると都道府県知事等が認めるとき（法第4条）
- 3,000 ㎡以上の土地の形質の変更又は現に有害物質使用特定施設が設置されている土地では900 ㎡以上の土地の形質の変更を行う場合に届出を行うこと
- 土地の所有者等の全員の同意を得て，上記の届出の前に調査を行い，届出の際に併せて当該調査結果を提出することも可能（法第4条第2項）

③土壌汚染により健康被害が生ずるおそれがあると都道府県知事等が認めるとき（法第5条）

④自主調査において土壌汚染が判明した場合に土地の所有者等が都道府県知事等に区域の指定を申請できる（法第14条）

①～③においては，土地の所有者等が指定調査機関に調査を行わせ，結果を都道府県知事等に報告

土壌の汚染状態が指定基準を超過した場合

区域の指定等

○要措置区域（法第6条）

汚染の摂取経路があり，健康被害が生ずるおそれがあるため，汚染の除去等の措置が必要な区域
- 土地の所有者等は，都道府県知事等の指示に係る汚染除去等計画を作成し，確認を受けた汚染除去等計画に従った汚染の除去等の措置を実施し，報告を行うこと（法第7条）
- 土地の形質の変更の原則禁止（法第9条）

○形質変更時要届出区域（法第11条）

汚染の摂取経路がなく，健康被害が生ずるおそれがないため，汚染の除去等の措置が不要な区域（摂取経路の遮断が行われた区域を含む）
- 土地の形質の変更をしようとする者は，都道府県知事等に届出を行うこと（法第12条）

汚染の除去が行われた場合には，区域の指定を解除

（出典：環境省ウェブサイト）

マンション建築後に土壌汚染が発見されたら？

三菱マテリアル等が，大阪市北区の工場跡地を再開発した大阪アメニティパーク（OAP タワー＆プラザ，帝国ホテル大阪，公園，そして分譲マンション〔OAP レジデンスタワー〕2 棟などで構成される複合施設）において，1998 年に建設終了後 2001 年土壌汚染が発見された。OAP の建設は，当時低迷していた大阪の経済をけん引するものとして期待された大規模な再開発であり，1997 年からマンション販売が始まった。

事業者は，敷地内から，過去の製錬工程に起因する鉱さいによる環境基準を超えた土壌汚染が発見されたことを，マンションの引渡しがすでに終了し 4 年以上も経過した 2002 年に発表した。マンション販売の際に，事業者が土壌汚染を発見していたにもかかわらず購入者に説明していなかったことが宅地建物取引業の「重要事項」説明をなさなかったことにあたるとして，2006 年 6 月三菱マテリアル等 5 社に対して宅地建物取引業法に基づく行政処分がされた。その後，住民代表，有識者からなる検討会による検討を踏まえて，浄化措置や地下 22 m の遮水工事などが行われた。

現在の大阪アメニティパーク

までは要求されていないにもかかわらず，不動産価格の下落，周辺住民との軋轢から，汚染拡散防止対策よりも，より高額な掘削除去の方法を選択する傾向にある。こうした掘削除去措置の偏重は，土壌汚染対策費用の高騰につながり，土壌汚染対策が費用がかかるため放置するという事象につながる。また，掘削除去された汚染土壌を適切に管理しないと，汚染土壌が拡散するだけになる。そこで，2009 年改正では，人への健康影響の程度により，対策が必要な「要措置区域」と対策までは必要でないが土地の状態を変更して汚染が拡散する場合には届出が必要な「形質変更時要届出区域」を都道府県知事が指定し，公示することとした。土地の所有者等は，区分に応じた措置を行えばよい。これらの内容が台帳に記載され，閲覧に供される。また，2009 年改正では掘削された汚染土壌の搬出・運搬・処理のための規則が規定された。さらに，自主調査による土壌汚染判明時の対応が制度化された。

日本の土壌汚染対策法の大きな特徴は，後述する米国のスーパーファンド法（⇨**3**）のように浄化を強制するのではなく，より合理的な土壌汚染対策を実施するために，リスクに応じた区域区分を行い，市民に情報を提供していく制度を導入したところにある。リスクに応じた対策をより実効あらしめるために，2009 年改正

では，都道府県知事が要措置区域内で講ずべき措置の内容，その理由を示すこととした。さらに 2017 年改正では，理由を示したうえで，都道府県知事が所有者等に汚染除去等計画を提出するよう指示することとなった。また，同改正では，一般の市民が立ち入ることが少なく，人への健康影響が大きくないと考えられる臨海部の工業用地域の特例，自然由来・埋立材由来の基準不適合物土壌に関する例外規定を導入した。

また，2017 年改正は，土壌汚染に関する情報提供についても，土地台帳の調整だけでなく，土壌汚染に関する情報の収集，保全および提供の努力義務を都道府県知事に課すとともに，有害物質使用特定施設設置者に対しても当該施設で製造・使用・処理していた特定有害物質の情報を提供する努力義務を規定している。

3 土壌汚染対策をめぐる課題

(1) 米国スーパーファンド法からの教訓

土壌汚染対策については，日本に先駆け，ラブキャナル事件（⇨**Column**）を契機として制定された米国のスーパーファンド法が有名である。スーパーファンド法は，土壌汚染の浄化を促進するために所有者等に強制的に浄化を行わせるための仕組みを導入した。また，その際に求められる浄化のレベルについても市民感情を考慮して，非常に厳しい基準を規定した。その

ラブキャナル事件

　1930 年代に，米国ニューヨーク州バッファローにおいて使用されずに放置されていたラブキャナル運河跡地があった。そこに 1940 年から，投棄された化学工場からの廃棄物による土壌汚染が問題となった事件。投棄された廃棄物の中にはダイオキシンやトリクロロエチレン等の有害物質が含まれていた。その後，運河は埋め立てられ，土地は市に売却され，小学校や住宅などが建設された。その 30 年後に大雨を契機に，投棄された有害化学物質等が地表に漏出し住民をパニックに陥れた。政府は，緊急避難命令を出し，住民は避難し，周辺地域は立ち入り禁止エリアと指定された。

　調査の結果，地下水や土壌汚染だけでなく流産や死産の発生率が高いなど住民の健康被害が発生していることが判明し，大きな社会問題となった。これがいわゆる「ラブキャナル事件」である。ラブキャナル事件を契機に，米国の土壌汚染サイトの浄化についての法律が米国で制定された。

汚染された区画がフェンスで囲われている。

（写真：Avalon/時事通信フォト）

結果，ひとたび汚染土壌の所有者等浄化責任者に該当すると，高額な浄化費用を負担しなければならいこととなった。この浄化責任を回避するため多くの訴訟が提起され，またあまりにも浄化費用が高額であるため実際の浄化が進まず，汚染土壌が放置され，スラム化する現象が生じるようになった。かつての工業用地が汚染土壌がある用地については，塩漬けされ，土地の流動性が損なわれる，いわゆる「ブラウンフィールド」問題（⇨*Column*）が発生するようになった。この問題は，さらに新しい土地開発については，土壌汚染の可能性がない森林等（いわゆるグリーンフィールド）を伐採することにつながり，自然破壊にもつながっていくことになった。こうした米国のスーパーファンド法による過剰な汚染土壌対策の失敗をふまえ，その後土壌汚染対策を実施する各国は，リスクに応じた規制を導入するようになった。

(2)　土壌汚染対策とリスクコミュニケーション

　しかし，いかに法律で合理的なリスク区分を設け，区分に応じた浄化措置を進めようとしても，ひとたび汚染土壌が発見されれば掘削除去，完全に汚染土壌を浄化しなければ当該土地を売却できないというのが，土壌汚染対策法の 2 回の改正を経てもまだ継続している現実である。前述のように（⇨**2**(2)）完全な掘削除去までは

土壌汚染とブラウンフィールド

　ブラウンフィールドとは，「土壌汚染の存在，あるいはその懸念から，本来，その土地が有する潜在的な価値よりも著しく低い用途あるいは未利用となった土地」，いわゆる「放置された土地」のことである。市街地土壌汚染取組の歴史が浅い日本では，まだこの問題はそれほど顕在化していないが，スーパーファンド法の下で巨額な浄化費用が課されてきた米国では，高額な浄化費用の負担を恐れて放置された土地が 450,000 サイト近くあり，スラム化や新たな環境問題を発生させ，大きな社会問題となっている。そのため，米国 EPA は，ブラウンフィールド問題の解決に向けてさまざまな施策を実施している。

　土地面積が限定されている日本において，土地の流動化を図ることは重要であり，ブラウンフィールド問題を発生させないために，土壌汚染浄化における高額な掘削除去措置への偏重を是正し，リスクコミュニケーションにより土壌汚染リスクについて社会全体で正しく理解することが重要になってくる。2 回にわたる土壌汚染対策法改正の背景には，こうした問題も潜んでいる。

要求されていないにもかかわらず，不動産価格の下落，周辺住民との軋轢から高額な掘削除去の方法が選択される事例が多く，掘削除去の手法が偏重されていった（ちなみに，環境省の資料によると，特定の種類の土壌汚染の措置の費用の比較では，掘削除去の場合には約 6.0 億円，原位置での封じ込めの場合約 0.6 億円とされている）。掘削除去偏重の背景には，市民の土壌汚染リスクについての理解が十分でないことがある。土壌汚染は，人への直接・間接摂取経路を遮断すれば

4-5 リスクコミュニケーションのあり方

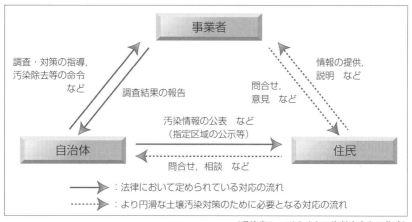

（環境省ウェブサイトの資料をもとに作成）

人の健康に及ぼす影響はほとんどなくなる。汚染物質は地下に存在していることから，必ずしも掘削除去までは必要とされていない。しかし，住宅が大きな買い物であることに加えて土壌汚染についてのリスクの情報が十分に知らされていないために，完全に除去されなければ当該土地の市場価格が確保できないという問題が発生している。

この問題を解決するためには，長い時間をかけて，市民，事業者，行政で土壌リスクの特質，リスクマネジメント手法の選択の合理性等について理解し，またあわせて住民の不安を行政，事業者もくみ取り，それに誠実に対応するというリスクに関するコミュニケーション（リスクコミュニケーション）の促進が何より必要となってくる 4-5 。そのための方策のひとつとして，2008 年に環境省が取りまとめた「土壌汚染に関するリスクコミュニケーションガイドライン」に基づく取組みが行われている。

Column

築地市場移転を妨げたのは？

2001 年に東京の台所である築地市場の豊洲への移転が決定された。しかし，豊洲新市場建屋の地下に一般市民に一度も公表されていなかった地下空洞（地下ピット）が存在していたこと，土壌に含まれる有害物質の除染対策を実施したにもかかわらず，豊洲市場の地下水から基準値（0.01 mg/L）以上のヒ素およびベンゼンが検出されたことが明らかになった。

そこで，小池百合子東京都知事の判断によって，豊洲新市場への移転が延期された。2018 年 10 月にようやく豊洲への移転がなされたものの，計画よりも大幅に遅れることとなった。マスメディアの連日の報道によれば築地市場の豊洲新市場への移転に関する問題点は多岐にわたっているが，主要な問題は，汚染された土壌を浄化したにもかかわらず，ベンゼンおよびヒ素の濃度が環境基準値を超えて検出された点，豊洲新市場の建築物に，都民に説明されていなかった地下空間が作られていた点に集約される。土地の汚染浄化手法や実施計画策定にあたり，多くの科学者も専門家として関わり議論を行ってきたにもかかわらず，豊洲新市場への移転が紛糾した背景には，ブラウンフィールド同様に市場関係者や市民とのリスクコミュニケーション不足の問題があったといえよう。

晴海埠頭（手前）と豊洲市場（奥）　（写真：時事）

1 身のまわりの化学物質

(1) 化学物質とは何か?

　一般的には, 化学物質には, 「人工的に作られたもの」「有害なもの」「近寄りがたく避けたいもの」というイメージがある。しかし, 科学的には, 化学物質とは「あらゆる物質の構成成分」であり, 人為的に作られたものだけでなく自然に由来するものも含まれる。たとえば, 水や砂糖, 人体を構成しているたんぱく質も化学物質である。現在世界にある化学物質の数は, 1億種類以上あるといわれている。社会にこれだけあふれている化学物質は, 私たちの日常生活において, 利便性や安全性等の確保のうえで不可欠なものとなっている。たとえば, 携帯電話や洗剤, 化粧品, 医薬品, 洋服等身のまわりの製品はすべて化学物質から構成されている 5-1 。

　しかし, こうした利便性や安全性を提供してくれている化学物質も, その付き合い方をコントロール (管理) できないと, 健康に悪影響を及ぼす。この化学物質による健康への影響の出方には, すぐに人への健康影響が生じる「急性毒性」, 長期間摂取しつづけてはじめて影響が生じる「慢性毒性」, 皮膚がただれるなどの「腐食性」, アレルギーの原因となる「感作性」, がんを発症させる「発がん性」, 胎児への影響が生じてくる「催奇性」など様々な形態がある。

　そこで, 社会にあふれている化学物質の利便性を享受しながら, その悪影響をどのように管理するのか, 化学物質とどのように付き合っていくのか, 化学物質の「リスク」をどのように評価し, 管理するのかという考え方が必要となってくる。これが, 化学物質のリスクマネジメントという考え方である。

(2) 化学物質とリスク

　「リスク」とは, 「危険や損失が生じる可能性」とされている 5-2 。たとえば, 「交通事故による死亡リスクは, 10万人に約6人である」「コンピュータウィルスに感染するリスクは避けたい」などという使われ方がされる。

　では, 化学物質のリスクとは, どんなものだろうか。それは, 「適量を超えた化学物質が人

5-1 生活の中の化学物質

　毎日の便利な暮らしに欠かせない食品, 日用品, 電化製品, 住宅…。
　こうした身のまわりの製品を含む全てのものは化学物質でできています。

電化製品

接着剤

洗　剤

殺虫剤

化粧品

食　器

おもちゃ

服

食　品

(NITE 提供)

や環境に悪影響を及ぼす可能性」である。身近な例で考えてみよう。軽くて，成形が容易，かつ耐久性があるプラスチックは，私たちの生活に欠かすことができない素材で，食品容器や医療用に使用されることで私たちの生活に利便性や安全性を与えてくれている。しかし，こうしたプラスチックも，いったん海に流出すると海ごみとしてクジラの腹から大量のプラスチックが検出されたように海洋生物に大きな問題を発生させ，あるいは焼却によりダイオキシンを発生させる原因にもなる。化学物質は，私たちの

生活で快適さや利便性（ベネフィット）を提供してくれている一方で，潜在的に有している毒性，爆発性などの危険性や有害性（ハザード）のゆえに，人や環境に悪影響を及ぼす可能性，すなわちリスクがあるものである。

　化学物質のリスクの程度は，その物質の持つ**有害性（ハザード）**の程度と体内に取り込まれる**量（暴露量）**で決まる **5-3**。たとえば，物質の有害性が高い青酸カリは，少量でも人が摂取すれば死に至るが，適切に管理されていて人が摂取する可能性が少なければリスクは低い。一方，ベンゼンは，長期間吸引していると頭痛や呼吸困難などの症状が出るが，有害性は青酸カリよりも低い。しかし，ガソリンに含まれているため，車の排ガスとして人が摂取する量（暴露量）が多くなるため，地域によってはリスクが高いものになり適切な管理が困難となる（⇨***Column***）。

　このように有害性は，物質固有の性状でありそれ自体は変化しないが，暴露量は管理によって減らすことが可能となる。たとえば，使用する物質を変える（代替物質への変換），化学物質を使用しない，あるいは使用しても使用量を減

5-2 リスクとは何か①

リスクとは？

危険や損失が生じる可能性

【豆知識】リスクの語源
- イタリア語で「勇気を持って試みる」という意味の "risicare"
- イタリア語の "risico"（ハザードや災いの意）
- スペインの水夫が呼んだ，切り立った険しい岩礁 "risco"

などの説がある。

（NITE 提供の資料より抜粋）

5-3 リスクとは何か②

化学物質の「危険性や損失が生じる可能性」は，以下のような計算式でその大きさを表している

化学物質のリスク＝有害性 × 暴露量

塩分のとりすぎは身体によくないのよね

あら

インスタント味噌汁

大丈夫　どんぶりサイズでうすめて飲んでいるから

化学物質の有害性の程度と，それにどれくらいさらされているかによって決まります。

全ての化学物質は何らかの有害性があります。塩も多量に摂取すれば人の健康を損なうリスクがあります。
※暴露量と濃度は違います

けっきょく同じ量飲んでいるじゃない

ガーン

（経済産業省ウェブサイトをもとに作成）

少させる，密封・防護措置を行い外部に排出されないようにするなどの方法がある。社会に流通している化学物質を適切に管理するためには，リスクを管理する物質や地域を特定し，その化学物質の性質や暴露条件などを特定し，リスク評価を行い，その結果を踏まえた判断をすることが必要になる。

2 化学物質の管理

(1) 国内政策

　日本の環境行政は，悲惨な公害問題に対応してきた経緯があり（⇨**Chapter 3**），上記のように化学物質をリスクの観点から管理するという考え方が出てきたのは最近である。化学物質管理のために最初に制定された法律は，急性毒性に着目した明治時代の「毒物劇物営業取締規則」である。これは，摂取される量でなく，物質の毒性から規制を行うものであった（ハザードに着目した規制）。その後，産業化の発展に伴い顕著になってきた職場での化学物質暴露による労働者の健康被害防止のために労働安全基準が制定された。さらに，1960 年代の公害が社会問題化した時代から大気汚染による窒素酸化物，いおう酸化物に対する大気汚染防止法や，水質へのカドミウム，六価クロム等重金属の汚染に対する水質汚濁防止法の制定が行われ，排出規制が整備されてきた。

　このように，日本の化学物質管理の法制度は，有害性の明確な化学物質に関して排出，製造，流通規制を行うというかたちで展開していった。たとえば，カネミ油症事件を契機として 1973 年に制定された「化学物質の審査及び製造等の規制に関する法律」（化審法）は，PCB（ポリ塩化ビフェニル）の製造・輸入・使用の原則禁止を定め，新規化学物質の審査制度を導入している。カネミ油症事件は，食物を通じて PCB が体内に蓄積されるという事件で，長期にわたり原因が判明せず被害者救済がなかなか図られなかった悲惨な事件である（⇨**Column**）。この事件を契機として制定された化審法は，化学物質のリスク管理というよりも，PCB のように分解されにくく，体内に蓄積されやすい特性を有

している化学物質による健康被害の規制に主眼がおかれたものとなっている。

　しかし，社会が発展する中で化学物質の使用量は飛躍的に増大し，有害性や化学物質の性状にだけ着目した規制では問題があることが認識されるようになった。そこで，1996 年の大気汚染防止法改正の際に，発がん性物質のリスクおよびリスクマネジメントが環境政策の場で正面から論じられた。同改正により，ベンゼン，トリクロロエチレン，トリクロロエタンなどの環境基準を設定する際に，「リスク」「リスクアセスメント」「リスクマネジメント」の考え方が導入され，どの程度のリスクなら許容可能かという観点からの検討が行われることとなった。化学物質については，2009 年の化審法改正によって，暴露量を考慮したリスク管理の考え方が取り入れられるようになった。さらに，1999 年には，化学物質の情報を公開することにより化学物質を管理するという発想のもとに「特定

Column

「毒か薬かは量の問題？」

　毒性学の父といわれているパラケルススは，「すべての物質は毒である。毒でないものなど存在しない。摂取量こそが毒であるか，そうでないかを決めるのだ」と著述している。すなわち，世の中には毒のないものはない。それに毒があるかないかを決めるのはどれだけ体内に取り込むかの量で，量が適正でなければすべてのものが毒となる，といっている。たとえば，塩は人間が生活していくのに不可欠のものであるが，摂取しすぎると高血圧となり体に影響を及ぼす。一方，非常に有毒な物質を体内に持っているフグも適切に処理すれば美味しく食べられる。このように，人の体に取り込まれる有害性をどのようにコントロールするかが化学物質の管理においても重要となってくる。

パラケルスス
（出典：GRANGER.COM/アフロ）

カネミ油症事件

　1968年に，福岡県北九州市小倉北区にあるカネミ倉庫株式会社で作られた食用油の製造プロセスで混入したポリ塩化ビフェニル（PCB）等により，14000人以上に吹き出物等による皮膚障害から内臓疾患，神経疾患と全身に広範囲な健康被害が発生した事件。この事件を契機として，化学物質の事前審査制度を規定した化審法が制定されることになった。1972年にPCBの製造中止・回収が通達により指示された。被害者は損害賠償を求め，訴訟を提起し，約830人が仮払いの賠償金約27億円を受領した。一方，2004年の新たな認定基準が適用された患者およびその遺族54名の訴えに対しては，2015年に最高裁は不法行為から20年で損害賠償を求める権利を失う「除斥期間」が経過しているとして，患者側の上告を棄却し，患者側の敗訴が確定している。

化学物質の環境への排出量の把握等及び管理の改善の促進に関する法律」（化管法）が制定された。

(2) 国際政策

　「ハザード管理からリスク管理へ」という流れは，日本国内だけでなく，国際的な流れでもあった。従来の有害性が明確な化学物質のみを規制するハザードベースの管理方式では十分でなく，暴露量がどれくらいかも併せて考慮し，対象物質の管理を考えていくというリスク管理の考え方は，1992年の国連環境開発会議（地球サミット）から広く国際的に議論されるようになってきた。

　地球サミットで採択された「アジェンダ21」第19章「有害かつ危険な製品の不法な国際取引の防止を含む有害化学物質の環境上適切な管理」において，化学物質のリスク管理が記載された。さらに，2002年にヨハネスブルクで開催された「持続可能な開発に関する世界首脳会議」（WSSD）において，化学物質の有害性に着目したハザードベース管理から，環境への排出量（暴露量）を考慮したリスクベースへの管理へのシフトが提言された。ここでは，2020年までに化学物質の製造と使用による人の健康と環境への悪影響の最小化を目指すこととされ，2005年にはSAICM（Strategic Approach to International Chemicals Management）が採択された。

　SAICMは，2020年までに化学物質が健康や環境への影響を最小化する方法で生産・使用されることを達成するための国際的な戦略である。日本も，SAICMの考え方を環境基本計画等の政策文書に位置づけ，2012年にはSAICM国内実施計画を策定，その後，SAICM国内実施計画の進捗状況を点検し，結果を取りまとめている。

3 化学物質に関する法律 5-4

(1) 化審法

　前述したように，カネミ油症事件を契機として制定された化審法は，新規の化学物質の製造・輸入前における審査制度を設けるとともに，PCBのように環境中で容易に分解せず（難分解性），生物の体内に蓄積しやすく（高蓄積性），かつ，継続的に摂取される場合に人の健康を損なうおそれ（人への長期毒性）のある物質を特定化学物質（現在の第一種特定化学物質）に指定し，製造・輸入の許可制（事実上の禁止）や使用に係る規制をしている。この化学物質の事前審査制度は，世界に先駆けて導入されたもので，有害な化学物質が市場に流通する前に防止をしようという画期的なものである。

　国内で新たに製造，輸入される化学物質（新規化学物質）については，対象事業者は，その製造や輸入を開始する前に，厚生労働大臣，経済産業大臣および環境大臣に対して届出を行い，審査によって規制の対象となる化学物質であるか否かが判定されるまでは，原則としてその新規化学物質の製造・輸入をすることができない。

　2009年の改正では，さらに既存化学物質を含むすべての化学物質について，年間に一定数量以上製造・輸入した事業者に対して，その数量等の届出を新たに義務付けた。国は，届出を受けて，詳細な安全性評価の対象となる化学物質を，優先度を付けて絞り込む。この過程で，化学物質のリスク評価が行われる。化学物質の製造・輸入事業者は，有害性（ハザード）情報を提出し，人の健康等に与える影響（リスク評価 5-5）を国が段階的に評価する。このリスク評価の結果に基づき，新規化学物質と同様に性状に応じた規制が行われる。

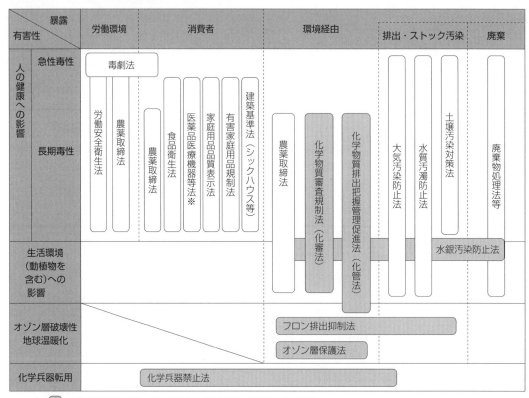

5-4 主な化学物質管理関連法

有害性 ＼ 暴露		労働環境	消費者		環境経由	排出・ストック汚染	廃棄
人の健康への影響	急性毒性	毒劇法					
	長期毒性	労働安全衛生法 ／ 農薬取締法	農薬取締法 ／ 食品衛生法 ／ 医薬品医療機器等法※ ／ 家庭用品品質表示法 ／ 有害家庭用品規制法 ／ 建築基準法（シックハウス等）		農薬取締法 ／ 化学物質審査規制法（化審法） ／ 化学物質排出把握管理促進法（化管法）	大気汚染防止法 ／ 水質汚濁防止法 ／ 土壌汚染対策法	廃棄物処理法等
生活環境（動植物を含む）への影響							水銀汚染防止法
オゾン層破壊性 地球温暖化					フロン排出抑制法 ／ オゾン層保護法		
化学兵器転用		化学兵器禁止法					

　：経済産業省が環境省，厚生労働省等との共管等により所管している法律
※医薬品，医療機器等の品質，有効性及び安全性の確保等に関する法律

（NITE 提供の図をもとに作成）

(2) 化管法

　化審法とともに，日本の化学物質管理政策で重要な役割を担っているのが，1999 年 7 月に制定された化管法である。化管法は，化学物質に関する 2 つの情報公開の仕組みを規定している。第 1 は，有害性のある多種多様な化学物質が，事業所等の固定発生源および自動車や農薬などの様々な発生源から，どれくらい環境中に排出されたか，あるいは廃棄物に含まれて移動しているかというデータを把握・集計・公表するための仕組み（Pollutant Release and Transfer Register：PRTR，環境汚染物質排出・移動量登録），である。第 2 は，さらに化学物質の性状に関する事業者間の情報伝達（Safety Data Sheet：SDS，安全データシート）の仕組みである。

　こうした化学物質に関する情報公開の仕組みが策定された背景には，従来の規制的手法では化学物質のリスク管理には限界があり，事業者の自主的管理促進も含めた情報公開により化学物質管理を促進する必要があったことがある。直接的には，インドの化学工場の事故（⇨*Column*）を契機として，米国で化学工場からの化学物質の排出について住民にも知る権利があるという機運が高まったことがある。米国では，1986 年に化学物質の排出・保管状態の情報公開を定めた「緊急対処計画及び地域住民の知る権利法」が制定され，これを契機として化学会社がこぞって化学物質排出量の自主削減を行うようになった。この情報公開の効果に着目したOECD が，1996 年に加盟国に対して化学物質の排出データ収集，公開のシステムの構築・運営の取組みの報告を求め，日本でも化管法が制定されることとなったのである。

　化管法の PRTR データは，個別の環境媒体ではなく，大気・水・土壌・廃棄物という複数の環境媒体への排出・移動量情報をまとめたも

5-5 化審法におけるリスク評価の流れ

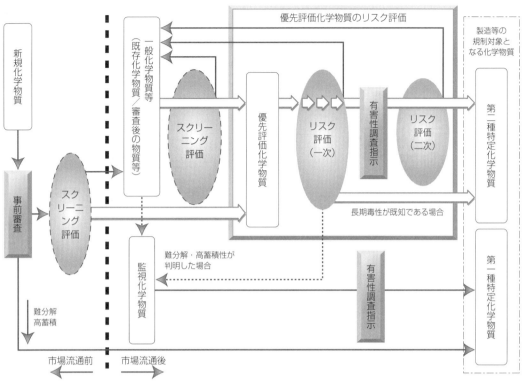

優先評価化学物質のリスク評価

製造等の規制対象となる化学物質

新規化学物質

事前審査

スクリーニング評価

一般化学物質等（既存化学物質／審査後の物質等）

スクリーニング評価

優先評価化学物質

リスク評価（一次）

有害性調査指示

リスク評価（二次）

第二種特定化学物質

長期毒性が既知である場合

難分解・高蓄積性が判明した場合

監視化学物質

有害性調査指示

第一種特定化学物質

難分解高蓄積

市場流通前　市場流通後

（経済産業省ウェブサイトの資料をもとに作成）

Column

海外の化学物質漏出事故

　海外で化学物質の危険性が着目される契機となった事故として 1984 年インドのボパールのユニオン・カーバイド社のメチルイソシアネート漏出事故がある。

　ボパール事故は，米国企業であるユニオン・カーバイド社の工場タンクからメチルイソシアネートが漏洩して，ボパールの市街地に拡がり，3000 人以上の死者とも 35 万人もの被災者ともいわれる被害を出した最大規模の化学工場事故である。インドでは多くの人が長期間後遺症に苦しんだ。この事故を契機として，米国では化学物質に関する情報を市民がもっと知る必要があるとの機運が高まり，工場内の化学物質の保管量，移動量，排出量データを公開するための仕組みを定めた 1986 年「緊急事態計画および地域住民の知る権利法」が制定された。この甚大な被害をもたらした事故を素材にして，映画「祈りの雨」が制作された。

工場は，今は廃墟になっている。

（写真：AFP/INDRANIL MUKHERJEE）

ので，従来の環境情報よりも一覧性の高い点に特徴がある。これにより，有害性のある多種多様な化学物質について，どのような発生源からどれくらいの量が環境中に排出されたのか，あるいは廃棄物中に含まれて事業所から移動したかという情報を，事業者だけでなく，市民，行政も容易に入手できることとなった。また，SDS 情報は，事業者が対象化学物質，または対象化学物質を含有する製品を，取引業者に譲渡・提供する際の，その性状および取扱いに関する情報であるが，事前に取引業者へ提供することにより使用する化学物質について必要な情

報を入手し，適切な管理が行われる仕組みとなっている。

　今までみてきたように，日本の環境行政の中心が規制的手法であるのに対して，化管法では，化学物質に関する情報を社会に提供することにより，化学物質を管理していくという情報的手法が用いられている。環境施策においても環境情報公開を前面に出した画期的な法律といえる。

　このように，化学物質管理政策は，国際的動向も踏まえてハザードベースからリスク管理ベースへと移行し，情報公開手法も活用されてきている。しかし，今までみてきた法律は，主として工場からの排出や化学物質そのものに対する管理である。消費者にとって関心があるのは，自分たちが使用している製品の中に含まれている化学物質による影響である。この分野については，これからリスク管理，情報提供の仕組みが整備されていくことになる。製品含有化学物質についての情報が消費者に，提供されるためには，まず化学物質の安全データを有している事業者からサプライチェーンを通じて化学物質の安全情報が伝達される仕組みが作られる必要がある。多種多様な手法を組み合わせ，関係者間のリスクコミュニケーションを促進していくことが今後は重要になってくる。

Chapter

6 良好な住環境の形成のために
——まちづくりの法制度

1 まちづくりと法

(1) まちづくりに関する法

現在，様々な場面で多用されている「まちづくり」は，1990年頃から条例でも広く使われ始めた用語である。今では法令用語や行政文書においてしばしば用いられているにもかかわらず，確立した定義はない。様々な定義はあり得るが，近代以降急速に進んできた「都市化」が提示してきた課題の解決を，現代的な視点で——しばしばハードよりもソフトに重点を置きつつ——試みようとする文脈で，用いられる傾向もある。

まちづくり法ないし都市法と呼ばれる広大な領域には，きわめて多数の法律，諸制度が存在し，その整理の仕方も多様である。都市計画法を中心として整理された一例を挙げる 6-1 。

まちづくりに関する法律の根幹となる法は，建築基準法と都市計画法である。憲法29条は私有財産制を保障した上で「財産権の内容は，公共の福祉に適合するやうに，法律でこれを定める」とし，また，民法206条は「所有者は，法令の制限内において，自由にその所有物の使用，収益及び処分をする権利を有する」としている（傍点筆者）。

たとえば，中高層マンションの建築は，法律的には，マンションを建てる土地を所有する人の土地所有権という財産権の行使と捉えられる。しかし，それも完全に自由ではなく，憲法や民法が予定するように，建築基準法や都市計画法等のまちづくり法による規制を受けるわけである。

(2) 建築基準法

建築基準法は，建築物の敷地，構造，設備および用途に関する最低の基準（建築規制）を定めた法律である。この技術的基準を満たしているか否か（建築基準法，消防法などの建築基準関係規定への適合性）を審査するのが，**建築主事**（⇨*Column*）による**建築確認**制度であり，ほとんどの場合，この建築確認がないと建物を建てることができない。建築基準法違反の建物に対しては**特定行政庁**（⇨*Column*）から違反是正を命じられる場合がある。

建築規制には，大別して，①**単体規定**と②**集団規定**の2種類がある。

①は，たとえば敷地の衛生・安全，構造耐力や室内空気汚染対策など，主に当該建築物の利用者の安全を図る規制である。これに対し，②は，たとえば日影規制，建ぺい率・容積率規制など，主に周辺の土地利用との関係を調整する規制である。**建ぺい率**とは建築物の建築面積の敷地面積に対する割合であり，**容積率**とは建築物の延床面積の敷地面積に対する割合を言う 6-2 。100 m^2 の敷地につき，40% の建ぺい率規制があれば40 m^2 以内の建築面積とせねばならず，同時に，80% の容積率規制があれば延床面積は80 m^2 以内（2階建て以上となる）とせねばならない。

Column

建築主事

建築確認事務を行う一級建築士であり，政令で指定する人口25万以上の市には必ず置かれている。現在では，株式会社など「民間主事」と呼ばれる指定確認検査機関による建築確認のほうが多くなっている。

Column

特定行政庁

建築主事を置く市町村の長や知事のことであり，例えば東京都知事や大阪市長がこれに当たる。建築基準法，都市計画法のもとで違反是正命令権限や特別の許可権限を有するなど，法律上重要な権限を持っている。

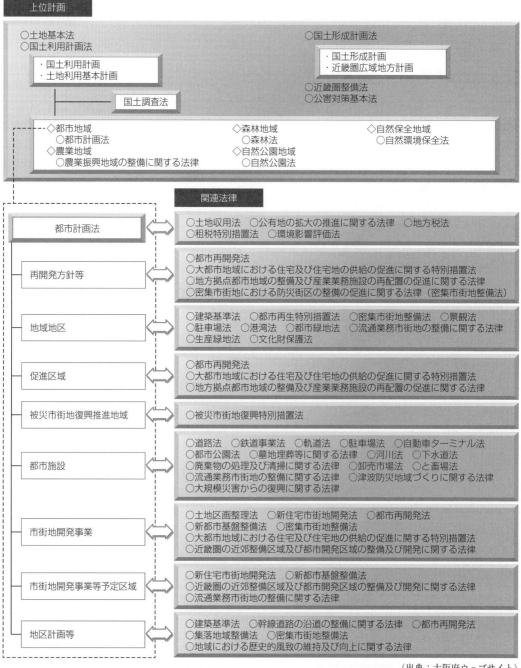

6-1 都市計画関連法体系図

上位計画

○土地基本法
○国土利用計画法
　・国土利用計画
　・土地利用基本計画

○国土形成計画法
　・国土形成計画
　・近畿圏広域地方計画
○近畿圏整備法
○公害対策基本法

国土調査法

◇都市地域
　○都市計画法
◇農業地域
　○農業振興地域の整備に関する法律

◇森林地域
　○森林法
◇自然公園地域
　○自然公園法

◇自然保全地域
　○自然環境保全法

関連法律

都市計画法
○土地収用法　○公有地の拡大の推進に関する法律　○地方税法
○租税特別措置法　○環境影響評価法

再開発方針等
○都市再開発法
○大都市地域における住宅及び住宅地の供給の促進に関する特別措置法
○地方拠点都市地域の整備及び産業業務施設の再配置の促進に関する法律
○密集市街地における防災街区の整備の促進に関する法律（密集市街地整備法）

地域地区
○建築基準法　○都市再生特別措置法　○密集市街地整備法　○景観法
○駐車場法　○港湾法　○都市緑地法　○流通業務市街地の整備に関する法律
○生産緑地法　○文化財保護法

促進区域
○都市再開発法
○大都市地域における住宅及び住宅地の供給の促進に関する特別措置法
○地方拠点都市地域の整備及び産業業務施設の再配置の促進に関する法律

被災市街地復興推進地域
○被災市街地復興特別措置法

都市施設
○道路法　○鉄道事業法　○軌道法　○駐車場法　○自動車ターミナル法
○都市公園法　○墓地埋葬等に関する法律　○河川法　○下水道法
○廃棄物の処理及び清掃に関する法律　○卸売市場法　○と畜場法
○流通業務市街地の整備に関する法律　○津波防災地域づくりに関する法律
○大規模災害からの復興に関する法律

市街地開発事業
○土地区画整理法　○新住宅市街地開発法　○都市再開発法
○新都市基盤整備法　○密集市街地整備法
○大都市地域における住宅及び住宅地の供給の促進に関する特別措置法
○近畿圏の近郊整備区域及び都市開発区域の整備及び開発に関する法律

市街地開発事業等予定区域
○新住宅市街地開発法　○新都市基盤整備法
○近畿圏の近郊整備区域及び都市開発区域の整備及び開発に関する法律
○流通業務市街地の整備に関する法律

地区計画等
○建築基準法　○幹線道路の沿道の整備に関する法律　○都市再開発法
○集落地域整備法　○密集市街地整備法
○地域における歴史的風致の維持及び向上に関する法律

（出典：大阪府ウェブサイト）

(3)　**都市計画法**

　都市計画法は，土地利用に関する根幹的な法律であり，主として，上位計画である国土利用計画法に基づく「土地利用基本計画」の定める地域のうち「都市地域」を規律する法律である。

同法のもとで，都道府県により都市計画区域が指定されると，その地域では，開発行為の制限を受けたり，建築基準法上の集団規定や建築確認の適用を受ける等の法的効果が生じる。

　以下では，身近で主な制度を取り上げる。

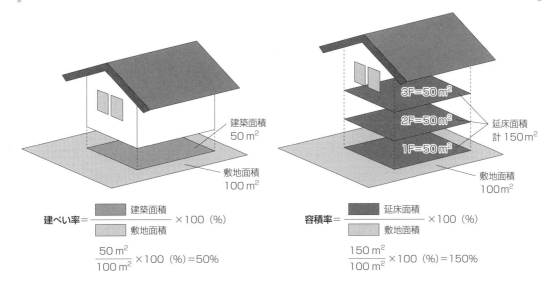

建ぺい率＝ $\dfrac{建築面積}{敷地面積}$ ×100 （%）

$\dfrac{50\,\text{m}^2}{100\,\text{m}^2}$ ×100 （%）＝50%

容積率＝ $\dfrac{延床面積}{敷地面積}$ ×100 （%）

$\dfrac{150\,\text{m}^2}{100\,\text{m}^2}$ ×100 （%）＝150%

2 日影規制

(1) 日照侵害と裁判紛争

戦後，都市化が急速に進み，都市に人口が集中するにつれ，昭和30年代から日照紛争が頻発激化した。

日照は，健康で快適な生活を営むために不可欠の生活利益であり，私法上保護される権利として判例上，**日照権**が確立している（最判昭和47年6月27日民集26巻5号1067頁）。

たとえば，甲が高い建物を建築することにより，隣人の乙が日照被害を受けるとする。法律的には，甲の財産権行使により，乙の日照権が侵害されていると捉えるわけである。乙が甲を被告として，建築工事の差止め（完成後は建物撤去請求）または日照妨害の損害賠償を求める裁判を起こした場合に，乙の請求が認容されるか否かは，日照妨害によって被害者が受ける不利益の程度が社会生活上受忍すべき程度を超えるか否かによって判断される（**受忍限度論** ⇨ ***Chapter 2***）。この場合，①日影規制（後述）違反の有無，②日照被害の程度，③地域性を中心に，④加害・被害の回避可能性，⑤加害・被害建築物の用途，⑥先住関係（どちらが先に住んでいたか），⑦他の規制違反の有無，⑧交渉経緯を総合考慮して決せられる。

しかし，このような日照紛争の個別的解決を裁判所で行うことは非効率的である。そこで，多発する日照紛争に対応して1976年に導入された法制度が，日影による中高層建築物の高さ制限（建築基準法56条の2・別表第4）である。

(2) 日影規制の概要

日影規制は，用途地域（後述）ごとに課されている。

規制対象地域は，住居系の用途地域等が中心である。たとえば，商業地域，工業地域では住環境の保全よりも他の便が優先されるため，日影規制 **6-3** は適用されない。また，規制対象建築物は，一定の中高層建築物に限られる。日影規制は，自治体が，建築基準法の定める範囲内で，地域および日影時間を条例 **6-4** により指定して具体化され，事業者から提出された日影図 **6-5** により法遵守の有無を判断する。

日影規制や北側斜線制限 **6-6** の遵守は，**建築確認**（建築基準法6条）等によって担保される。日影規制に違反した建築物については，他の建築基準法違反と同様に，**特定行政庁**（権限を持つ自治体の長）の**是正命令**（建築基準法9条）による違法是正が予定されている。

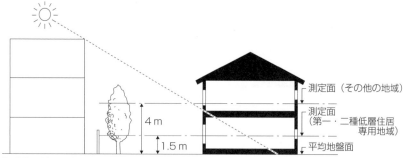

「日影を測定する高さについては，この規制では実際の地面にできる日影ではなく，地面より高い所を想定してそこの日影を規制します。第一種・第二種低層住居専用地域では平均地盤面より 1.5 メートル，その他の地域では平均地盤面より 4 メートル高い所です。」

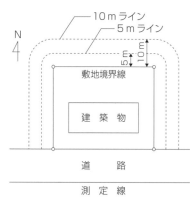

「日影規制は，二段階の規制になっています。まず 5 メートルの範囲で建築物が直接隣地に及ぼす影響を規制し，10 メートルの範囲でこれを超えて広がる日影や隣地の建築物などの日影による影響を規制しています。そこで建築物がつくる日影を時間で表し，規制範囲内で規制値以内に日影をおさえます。」

（出典：世田谷区ウェブサイトをもとに作成）

	用途地域	指定されている容積率	5 mを超え10 m以下の範囲	10 mを超える範囲	制限を受ける建築物	日影を測定する水平面の高さ
1)	第一種低層住居専用地域 第二種低層住居専用地域	50％，60％ の区域	3 時間	2 時間	軒の高さが 7 mを超えるか，又は地上 3 階以上の建築物	平均地盤面から1.5 mの高さ
		80％，100％ の区域	4 時間	2.5 時間		
2)	第一種中高層住居専用地域 第二種中高層住居専用地域	150％ の区域	3 時間	2 時間	高さが 10 mを超える建築物	平均地盤面から4 mの高さ
		200％ の区域	4 時間	2.5 時間		
		300％ の区域	5 時間	3 時間		
3)	第一種住居地域 第二種住居地域 準住居地域	200％ の区域	4 時間	2.5 時間		
		300％ の区域	5 時間	3 時間		
4)	近隣商業地域 準工業地域	全ての区域	5 時間	3 時間		

（出典：京都市ウェブサイト）

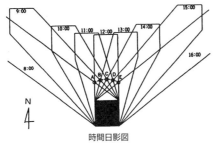

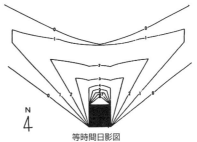

6-5　日影図

時間日影図

等時間日影図

（出典：世田谷区ウェブサイトをもとに作成）

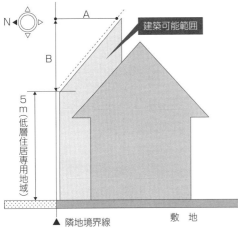

6-6　北側斜線制限

A＝真北方向の水平距離
B＝1.25×A

建築可能範囲

5 m（低層住居専用地域）

▲ 隣地境界線　　　　　敷　地

「第一種，第二種低層住居専用地域については，特に良好な住環境（とくに日照）を確保するために，北側斜線制限が設けられています。つまり，建物の高さは，真北方向の隣地境界線，または真北方向の前面道路の反対側の境界線から一定の範囲以内にしなければなりません。」

（出典：津市ウェブサイトをもとに作成）

3　用途地域

　都市計画法（8条，9条）により定められた13種類の**用途地域**は，市街地の土地利用に関して建築物の用途を規制する地域地区であるが，用途のみならず日影規制，建ぺい率・容積率規制等と連動する重要な都市計画である。

　用途地域としては，住居系が8種類，商業系が2種類，工業系が3種類の全13種類が用意されている。そのイメージは，**6-7**のとおりである。

　最も厳格な規制がされる**第一種低層住居専用**

地域内の土地は，たとえば店舗・事務所，ホテル・旅館，遊技場等の用途に利用できないし，10 m の高さ制限がされる場合もあるが，制限内であれば3階建ての共同住宅の建設が可能であり，先進諸外国と比べ大雑把で，かなり緩やかな規制となっている。用途規制の詳細は**6-8**のとおりである。

　用途地域のうち，**田園住居地域**は，住宅と農地が混在し，両者が調和して良好な居住環境と営農環境を形成している地域を，あるべき市街地像として都市計画に位置づけ，開発・建築規制を通じてその実現を図るために，2018 年に創設された用途地域である。

4　区画整理　**6-9**

　土地区画整理法に定められる**土地区画整理制度**も，まちづくり法の重要な制度のひとつである。

　区画整理は，公共施設の整備改善・宅地利用の増進を図るため，土地の区画形質の変更や公共施設の新設・変更をする事業である（土地区画整理法2条1項）。対象となる施行地区内の地権者が少しずつ土地を提供し（**減歩**），道路，公園等の公共施設用地や**保留地**（売却用の土地）に充てる。保留地の売却によって事業資金を作り，また多くの場合，補助金等を得て事業が進められる。民間による場合と，公的主体により行われる場合がある。

　事業により，公共施設と宅地が再配置される。これを**換地**といい，従前の宅地の位置，地積（土地の面積），土質，水利，利用状況，環境等

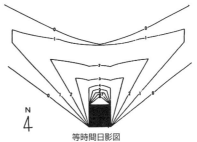

第一種低層住居専用地域

低層住宅のための地域です。小規模なお店や事務所を兼ねた住宅，小中学校などが建てられます。

第二種低層住居専用地域

主に低層住宅のための地域です。小中学校などのほか，150 m² までの一定のお店などが建てられます。

第一種中高層住居専用地域

中高層住宅のための地域です。病院，大学，500 m² までの一定のお店などが建てられます。

第二種中高層住居専用地域

主に中高層住宅のための地域です。病院，大学などのほか，1,500 m² までの一定のお店や事務所など必要な利便施設が建てられます。

第一種住居地域

住居の環境を守るための地域です。3,000 m² までの店舗，事務所，ホテルなどは建てられます。

第二種住居地域

主に住居の環境を守るための地域です。店舗，事務所，ホテル，カラオケボックスなどは建てられます。

準住居地域

道路の沿道において，自動車関連施設などの立地と，これと調和した住居の環境を保護するための地域です。

田園住居地域

農業と調和した低層住宅の環境を守るための地域です。住宅に加え，農産物の直売所などが建てられます。

近隣商業地域

まわりの住民が日用品の買物などをするための地域です。住宅や店舗のほかに小規模の工場も建てられます。

商業地域

銀行，映画館，飲食店，百貨店などが集まる地域です。住宅や小規模の工場も建てられます。

準工業地域

主に軽工業の工場やサービス施設等が立地する地域です。危険性，環境悪化が大きい工場のほかは，ほとんど建てられます。

工業地域

どんな工場でも建てられる地域です。住宅やお店は建てられますが，学校，病院，ホテルなどは建てられません。

工業専用地域

工場のための地域です。どんな工場でも建てられますが，住宅，お店，学校，病院，ホテルなどは建てられません。

（出典：国土交通省ウェブサイトをもとに作成）

が照応するように定めるべきものとされ（照応原則という），事業の施行前後で不均衡があれば，**清算金**により調整がされる。

土地区画整理は，施行者により異なるが，事業は，概ね**6-10**の流れで進められる。

5 地区計画

都市計画法の定める**地区計画**制度は，良好な住環境を確保するために，市町村長が都市計画として決定するものであり，地区整備計画を定めるとともに，目標，整備・開発および保全の方針が定められる（都市計画法 12 条の 5）。

地区整備計画区域内では，地区計画で定められた建築規制のうち「特に重要な事項」（建築物の敷地，構造，建築設備または用途）を市町村条例で定めることができ，これらは建築基準関係

用途地域内の建築物の用途制限　○建てられる用途　×建てられない用途　①②③④▲■：面積、階数等の制限あり	第一種低層住居専用地域	第二種低層住居専用地域	第一種中高層住居専用地域	第二種中高層住居専用地域	第一種住居地域	第二種住居地域	準住居地域	田園住居地域	近隣商業地域	商業地域	準工業地域	工業地域	工業専用地域	備　考
住宅、共同住宅、寄宿舎、下宿	○	○	○	○	○	○	○	○	○	○	○	○	×	
兼用住宅で、非住宅部分の床面積が、50㎡以下かつ建築物の延べ面積の2分の1未満のもの	○	○	○	○	○	○	○	○	○	○	○	○	×	非住宅部分の用途制限あり。
店舗等　店舗等の床面積が150㎡以下のもの	×	①	②	③	③	○	○	①	○	○	○	○	④	① 日用品販売店舗、喫茶店、理髪店、建具屋等のサービス業用店舗のみ。2階以下　② ①に加えて、物品販売店舗、飲食店、損保代理店・銀行の支店・宅地建物取引業者等のサービス業用店舗のみ。2階以下　③ 2階以下　④ 物品販売店舗及び飲食店を除く。　■ 農産物直売所、農家レストラン等のみ。2階以下
店舗等の床面積が150㎡を超え、500㎡以下のもの	×	×	②	③	③	○	○	■	○	○	○	○	④	
店舗等の床面積が500㎡を超え、1,500㎡以下のもの	×	×	×	③	③	○	○	×	○	○	○	○	④	
店舗等の床面積が1,500㎡を超え、3,000㎡以下のもの	×	×	×	×	③	○	○	×	○	○	○	○	④	
店舗等の床面積が3,000㎡を超え、10,000㎡以下のもの	×	×	×	×	×	○	○	×	○	○	○	○	④	
店舗等の床面積が10,000㎡を超えるもの	×	×	×	×	×	×	×	×	○	○	○	×	×	
事務所等　事務所等の床面積が150㎡以下のもの	×	×	×	▲	○	○	○	×	○	○	○	○	○	▲2階以下
事務所等の床面積が150㎡を超え、500㎡以下のもの	×	×	×	▲	○	○	○	×	○	○	○	○	○	
事務所等の床面積が500㎡を超え、1,500㎡以下のもの	×	×	×	▲	○	○	○	×	○	○	○	○	○	
事務所等の床面積が1,500㎡を超え、3,000㎡以下のもの	×	×	×	×	○	○	○	×	○	○	○	○	○	
事務所等の床面積が3,000㎡を超えるもの	×	×	×	×	○	○	○	×	○	○	○	○	○	
ホテル、旅館	×	×	×	×	▲	○	○	×	○	○	○	×	×	▲3,000㎡以下
遊戯施設・風俗施設　ボーリング場、スケート場、水泳場、ゴルフ練習場等	×	×	×	×	▲	○	○	×	○	○	○	○	×	▲3,000㎡以下
カラオケボックス等	×	×	×	×	×	▲	▲	×	○	○	○	▲	▲	▲10,000㎡以下
麻雀屋、パチンコ屋、射的場、馬券・車券発売所等	×	×	×	×	×	▲	▲	×	○	○	○	▲	×	▲10,000㎡以下
劇場、映画館、演芸場、観覧場、ナイトクラブ等	×	×	×	×	×	×	▲	×	○	○	○	×	×	▲客席及びナイトクラブ等の用途に供する部分の床面積200未満
キャバレー、個室付浴場等	×	×	×	×	×	×	×	×	×	○	▲	×	×	▲個室付浴場等を除く。
公共施設・病院・学校等　幼稚園、小学校、中学校、高等学校	○	○	○	○	○	○	○	○	○	○	○	×	×	
大学、高等専門学校、専修学校等	×	×	○	○	○	○	○	×	○	○	○	×	×	
図書館等	○	○	○	○	○	○	○	○	○	○	○	○	×	
巡査派出所、一定規模以下の郵便局等	○	○	○	○	○	○	○	○	○	○	○	○	○	
神社、寺院、教会等	○	○	○	○	○	○	○	○	○	○	○	○	○	
病院	×	×	○	○	○	○	○	×	○	○	○	×	×	
公衆浴場、診療所、保育所等	○	○	○	○	○	○	○	○	○	○	○	○	○	
老人ホーム、身体障害者福祉ホーム等	○	○	○	○	○	○	○	○	○	○	○	○	×	
老人福祉センター、児童厚生施設等	▲	▲	○	○	○	○	○	▲	○	○	○	○	○	▲600㎡以下
自動車教習所	×	×	×	×	▲	○	○	×	○	○	○	○	○	▲3,000㎡以下
単独車庫（附属車庫を除く）	×	×	▲	▲	▲	▲	○	×	○	○	○	○	○	▲300㎡以下　2階以下
建築物附属自動車車庫　①②③については、建築物の延べ面積の1／2以下かつ備考欄に記載の制限	①	①	②	②	③	③	○	①	○	○	○	○	○	① 600㎡以下1階以下　② 3,000㎡以下2階以下　③ 2階以下
※一団地の敷地内について別に制限あり。														
工場・倉庫等　倉庫業倉庫	×	×	×	×	×	○	○	×	○	○	○	○	○	
自家用倉庫	×	×	×	①	②	○	○	■	○	○	○	○	○	① 2階以下かつ1,500㎡以下　② 3,000㎡以下　■ 農産物及び農業の生産資材を貯蔵するものに限る。
畜舎（15㎡を超えるもの）	×	×	×	×	▲	○	○	○	○	○	○	○	○	▲3,000㎡以下
パン屋、米屋、豆腐屋、菓子屋、洋服店、畳店、建具屋、自転車店等で作業場の床面積が50㎡以下	×	▲	▲	▲	○	○	○	▲	○	○	○	○	○	原動機の制限あり。　▲2階以下
危険性や環境を悪化させるおそれが非常に少ない工場	×	×	×	×	①	①	①	■	②	②	○	○	○	原動機・作業内容の制限あり。作業場の床面積　① 50㎡以下　② 150㎡以下　■ 農産物を生産、集荷、処理及び貯蔵するものに限る。
危険性や環境を悪化させるおそれが少ない工場	×	×	×	×	×	×	×	×	②	②	○	○	○	
危険性や環境を悪化させるおそれがやや多い工場	×	×	×	×	×	×	×	×	×	×	○	○	○	
危険性が大きいか又は著しく環境を悪化させるおそれがある工場	×	×	×	×	×	×	×	×	×	×	×	○	○	
自動車修理工場	×	×	×	×	①	①	②	×	③	③	○	○	○	原動機の制限あり。　作業場の床面積　① 50㎡以下　② 150㎡以下　③ 300㎡以下
火薬、石油類、ガスなどの危険物の貯蔵・処理の量　量が非常に少ない施設	×	×	×	①	②	○	○	×	○	○	○	○	○	① 1,500㎡以下　2階以下　② 3,000㎡以下
量が少ない施設	×	×	×	×	×	○	○	×	○	○	○	○	○	
量がやや多い施設	×	×	×	×	×	×	×	×	○	○	○	○	○	
量が多い施設	×	×	×	×	×	×	×	×	×	×	×	○	○	

（注1）本表は、改正後の建築基準法別表第二の概要であり、全ての制限について掲載したものではない。
（注2）卸売市場、火葬場、と畜場、汚物処理場、ごみ焼却場等は、都市計画区域内においては都市計画決定が必要など、別に規定あり。

（出典：東京都ウェブサイト）

Chapter 6　良好な住環境の形成のために

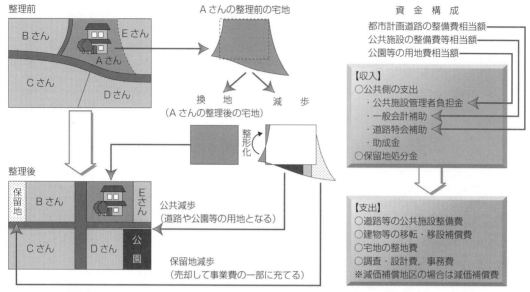

6-9 土地区画整理制度のイメージ

整理前

Bさん
Eさん
Aさん

Cさん
Dさん

Aさんの整理前の宅地

換　地　　　減　歩
（Aさんの整理後の宅地）

整形化

整理後

保留地
Bさん
Eさん

Cさん
Dさん
公園

公共減歩
（道路や公園等の用地となる）

保留地減歩
（売却して事業費の一部に充てる）

資　金　構　成

都市計画道路の整備費相当額
公共施設の整備費等相当額
公園等の用地費相当額

【収入】
○公共側の支出
・公共施設管理者負担金
・一般会計補助
・道路特会補助
・助成金
○保留地処分金

【支出】
○道路等の公共施設整備費
○建物等の移転・移設補償費
○宅地の整地費
○調査・設計費，事務費
※減価補償地区の場合は減価補償費

地権者は減歩により都市計画道路や公園等の用地を負担します。一方で，道路特会補助等の公共側の
支出のうち，都市計画道路等の用地費に相当する資金は，宅地の整地費等に充てられ，地権者に還元
されます。

（出典：国土交通省ウェブサイト）

法令として，**建築確認**の審査対象事項に組み込まれ，遵守が強制される（建築基準法68条の2）。

高級住宅街として著名な東京都大田区の田園調布は，**地区計画制度**に基づく厳格な建築規制により優れた住環境が守られている **C-6**。

6-11の地区計画を見ると，たとえば，建築物の敷地の最低面積が165 m² と定められている。これはたとえば，相続したものの相続税の支払いが困難なために土地が売却され，小さな住宅として切り売りされるミニ開発を防止している。また，建築物の外壁またはこれに代わる柱の外面から敷地境界線までの距離の最低限度は，道路に面する部分では2 m 以上，その他の部分では1.5 m 以上とされ，ゆったりとしたオープンスペースを持つ町並みを確保している。さらに，建築物等の高さの最高限度は9 m とされ，中高層住宅の建築を防止し，低層の住宅街を守っているのである。その他緑化を強制し，土地所有者に緑豊かな住環境の保持を義務づけている。

6 建築協定 C-7

建築基準法が定める建築協定は，住宅地の環境保全や商店街の利便等のための**行政契約**である（建築基準法69条以下）。土地所有者等の権利者全員が合意して，区域内における建築物の敷地，位置，構造，用途，形態，意匠または建築設備に関する基準を定め，特定行政庁の認可を受けることで，強い法的効力をもちうる **C-7**。

たとえば，建築物を2階建てまでとする協定がある地域において，3階建ての建物が建てられた場合，協定当事者らは違反者に対して3階部分の撤去を請求することができる。

7 今後のまちづくり

人為活動が集中するまちは，温室効果ガスや廃棄物の排出など様々な環境負荷が生ずる場でもある。低成長，人口減少時代を迎えた日本は，今後のまちのあり方として幾つかの方向性を模索している。

特に，世界に類を見ない人口急減と超少子高齢化は，深刻化する空家問題などまちづくりに

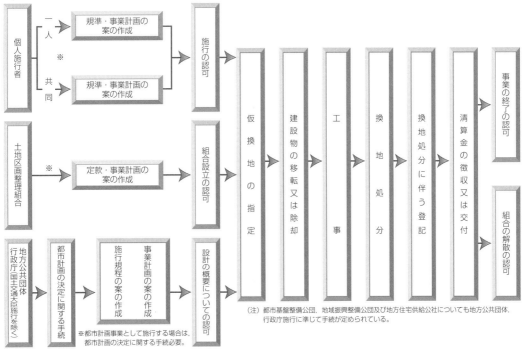

6-10 土地区画整理事業の手続・事業の流れ

個人施行者 — 一人 ※ → 規準・事業計画の案の作成 → 施行の認可
個人施行者 — 共同 ※ → 規準・事業計画の案の作成 → 施行の認可

土地区画整理組合 ※ → 定款・事業計画の案の作成 → 組合設立の認可

地方公共団体・行政庁（国土交通大臣施行を除く） → 都市計画の決定に関する手続 → 施行規程の案の作成 → 事業計画の案の作成 → 設計の概要についての認可

→ 仮換地の指定 → 建設物の移転又は除却 → 工事 → 換地処分 → 換地処分に伴う登記 → 清算金の徴収又は交付 → 事業の終了の認可 ／ 組合の解散の認可

※都市計画事業として施行する場合は、都市計画の決定に関する手続必要。

（注）都市基盤整備公団、地域振興整備公団及び地方住宅供給公社についても地方公共団体、行政庁施行に準じて手続が定められている。

（出典：大分県ウェブサイト）

6-11 大田区田園調布地区・地区計画

名　称	大田区田園調布地区地区計画
位　置　※	大田区田園調布一丁目、田園調布二丁目、田園調布三丁目及び田園調布四丁目各地内
面　積　※	約47.2ha

地区計画の目標

　本地区は、東急東横線・目黒線の田園調布駅西側に位置し、大正時代後期から我が国初のガーデンシティーとして、「住宅と庭園の街づくり」の理想の下、「田園調布憲章」、「環境保全についての申し合わせ」及び「新・改築工事に関する指導細則」を定め、低層戸建住宅を中心とした緑と太陽に満ち、平和と安らぎに包まれた、文化の香り漂う良好な住環境を形成している地区である。

　本地区計画は、環境緑地の設置、緑化の推進及び建築物に関する制限を行うことにより、良好な住環境の維持、保全を図ることを目標とする。

区域の整備・開発及び保全に関する方針	土地利用の方針	地区を住宅地区と駅前地区に細分化し、それぞれの方針を次のように定める。 《住宅地区》 　緑豊かなゆとりと潤いのある住宅地として、建築物の用途混在及び敷地の細分化等を制限するとともに、資材置場、敷地内に住宅等のない駐車場の設置及び地盤面の変更等による住環境の悪化を防止し、良好な環境の維持、保全を図る。 《駅前地区》 　住宅地区との調和のとれた健全な街として、維持、育成を図る。
	地区施設の整備の方針	地区内に配置されている道路、公園の機能が損なわれないよう維持、保全を図る。 また、緑豊かな良好な住宅地の環境形成を図るため、地区施設として環境緑地を配置するものとする。
	建築物等の整備方針	《住宅地区》 1　建築物の用途の混在を防ぐため、建築物の用途制限を定める。 2　建築物の建て詰まり及び敷地の細分化を防ぐため、建築物の敷地面積の最低限度を定める。 3　日照、通風等を確保するため、建築物の壁面の位置の制限を定める。 4　街並み、景観を確保するため、建築物の高さの最高限度及び建築物の意匠の制限並びに壁面後退区域の工作物の設置制限を定める。 5　緑と安全性を確保するため、垣又はさくの構造の制限を定める。 《駅前地区》 1　住宅地区との調和のとれた健全な街として育成するため、建築物の用途制限を定める。 2　街並み、景観を確保するため、建築物等の意匠の制限を定める。

地区整備計画	地区施設の配置及び規模	その他の公共空地	環境緑地	名　称	幅員	総延長	備考
				環境緑地	1.0m	約19,300m	建築物の敷地面積に含む

建築物等に関する事項	地区の区分	名称	住宅地区		駅前地区
	面積	約45.2ha			約2.0ha

建築物等の用途の制限　※

住宅地区：次に掲げる建築物は、建築してはならない。
（1）長屋又は共同住宅の用途に供する建築物で、次のいずれかに該当するもの
　ア　住戸の数が4を超えるもの
　イ　床若しくは壁又は戸で区画された各住戸の

駅前地区：次に掲げる建築物は、建築してはならない。
（1）長屋又は共同住宅の用途に供する建築物で、床若しくは壁

（右欄へ続く）

床面積が37㎡未満の住戸を含むもの
（2）寄宿舎又は下宿
（3）公衆浴場
（4）診療所（住宅を兼ねるものを除く。）
（5）老人ホーム
（6）墓地、埋葬等に関する法律（昭和23年法律第48号）第2条第6項に規定する納骨堂（その他の建築物に附属するものを含む。）

又は戸で区画された各住戸の床面積が37㎡未満の住戸を含むもの
（2）ホテル又は旅館
（3）墓地、埋葬等に関する法律（昭和23年法律第48号）第2条第6項に規定する納骨堂（その他の建築物に附属するものを含む。）

建築物の敷地面積の最低限度	165㎡	
壁面の位置の制限	建築物の外壁又はこれに代わる柱の外面から敷地境界線までの距離の最低限度は、道路に接する部分では2m以上、その他の部分では1.5m以上とする。	
建築物等の高さの最高限度	9m	
壁面後退区域における工作物の設置の制限	道路境界線及び他の敷地境界線から1mの範囲には、建築物、塀、柵、門、広告物、看板など、緑化の妨げになるため、工作物を設置してはならない。	
建築物等の形態又は色彩その他の意匠の制限	建築物又はこれに代わる柱及び屋根並びに工作物の色は、地区環境に調和した落ち着いたものとする。	
垣又はさくの構造の制限	1　垣又はさくの構造は、生垣又は網状その他これらに類するものとする。 ただし、垣又はさくの構造が、次の各号の一に該当する場合においては、この限りでない。 （1）門柱（袖壁を含む。）の幅が1.5m以下であるもの （2）鉄筋コンクリート造、コンクリートブロック造等で地盤面からの高さが1.2m以下であるもの	
土地の利用に関する事項	環境緑地と樹木による緑化	環境緑地内の緑化は、樹木によるものとし、敷地の接道長の1/2を超える部分を緑化し、かつ接道長さ1mにつき見付面積1㎡以上の植栽を施すものとする。 なお、環境緑地は、建築物の敷地面積に含むものとする。

※は知事同意事項

「区域、地区の区分及び地区施設の配置は計画図表示のとおり」
理由：緑豊かなゆとりと潤いのある良好な住環境の維持及び保全を図るため、地区計画を変更する。

（出典：大田区ウェブサイト）

都心部を含め既に一定の都市機能が集積している地区を拠点とし，その周辺に居住等を集約していく。各拠点間は，公共交通で接続。

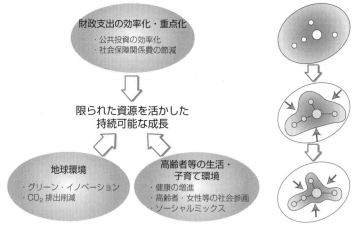

財政支出の効率化・重点化
・公共投資の効率化
・社会保障関係費の節減

限られた資源を活かした
持続可能な成長

地球環境
・グリーン・イノベーション
・CO_2 排出削減

高齢者等の生活・
子育て環境
・健康の増進
・高齢者・女性等の社会参画
・ソーシャルミックス

（出典：国土交通省ウェブサイト）

限らず，日本が抱える最大規模の課題のひとつであり，「地方消滅」が叫ばれるなか，従来のまちづくりが大きな方向転換を迫られている6-12。

いずれも明確な共通理解はないが，**コンパクト・シティ**は，まちの諸機能を一定地域内に集中させてサービス等の効率化を図るモデルであり，**サスティナブル・シティ**は，環境，経済，人権の観点から持続可能なまちをめざすモデルである。東日本大震災を受けてエネルギー安全保障の議論が高まっているが，**スマート・シティ**は再生可能なエネルギーによる自給自足を目指すモデルである。

意欲的な自治体においてすでに取組みが始まっているが，市町村レベルの権限は必ずしも十分でなく，地方分権の観点からもなお課題を有している。

2002 年改正で導入された都市計画提案制度（⇒**Column**）に代表されるように，まちづくり法ではトップダウンではなく，住民が参加するボトムアップのまちづくりが試行されており，今後も官に頼らない公私協働型の取り組みが期待される。

Column

都市計画提案制度

0.5 ヘクタール以上の一団の土地（一体的な利用が予定される土地）の区域の土地所有者・NPO 等が，一人で，または数人共同して，都道府県または市町村に対し，都市計画の決定・変更の提案ができるとする制度で，対象区域内の 3 分の 2 以上（人数・地積）の同意が必要となる。都道府県または市町村が，必要があると認めるときは都市計画案を作成し，手続を開始し，必要なしと判断したときはその旨を提案者に通知する（都計 21 条の 2 以下）。これは，まちづくり法における新しい合意形成の試みといえる。

参考文献

- 国土交通省「国土のグランドデザイン 2050」（2014 年）
- 増田寛也（編著）『地方消滅——このままでは 896 の自治体が消える』（中央公論新社，2014 年）
- 藻谷浩介，NHK 広島取材班『里山資本主義 日本経済は「安心の原理」で動く』（角川書店，2013 年）

Chapter 7 良好な景観をつくる・まもる
——景観保全の法制度

1 景観法

(1) 景観法の制定

　景観（landscape）に明確な定義はないが，人為との関わりでとらえるなら，人工景観と自然景観に大別されよう。その境界も明瞭ではなく，たとえば街路樹，屋敷林，農地や管理された里山は人工自然景観である。

　戦前の日本は，世界に誇る豊かな自然と美しい街並みを有していた C-8 7-1。

　しかし戦後，建築自由の原則を前提とした緩慢な建築規制と景観を含む公共的価値を軽視する風潮があいまって，日本の自然や街並みは破壊され，ふるさとの田園・山村風景も失われていった。

　かかる事態に対処すべく制定された自治体のまちづくり・景観条例の急増や国立マンション紛争（後述）などを背景に，2004 年に制定された法律が景観法である。

(2) 景観法の概要 C-9

　「景観」の具体的内容については必ずしも共通の理解があるわけではないが，景観法は，法によって維持・形成されるべき「良好な景観」

7-1 京都市の町並み

京都市の歴史遺産型美観地区。写真右側が御所であり，その高さや色合いと調和するように住宅が建てられている。

について 5 つの基本理念を定めた（2条）。良好な景観が将来世代も含めた国民共通の資産であるとしたこと，地域の個性と景観の多様性を重視していることおよび良好な景観の維持保全だけでなく形成創出をも基本理念としたことに特徴がある。

　景観行政団体（都道府県，政令指定都市等または知事と協議して景観行政を司る市町村。7 条 1 項，98 条）は，景観計画を定めることができ，景観計画には，その区域（景観計画区域），当該区域における良好な景観の形成のための行為規制の基準および事業の実施等が定められる（8 条以下）。景観計画区域内においては，建築物の建築等をしようとする者に対する届出・勧告（条例により変更命令も可能）の緩やかな規制誘導の制度が予定されている（16 条）。また，景観重要建造物の指定制度（19 条）が創設され，これらに指定されると，現状変更に許可が必要となる。

　市町村は，市街地における良好な景観を形成するため，都市計画区域等内の土地の区域について，都市計画に景観地区を定められるようになった。景観地区に関する都市計画には，建築物の形態意匠の制限，高さの最高限度等の制限，敷地面積の最低限度等の制限が定められる（61 条）C-15。

　景観地区内で建築物の建築等をしようとする者は，当該建築物の形態意匠に関する計画の都市計画への適合について，市町村長の認定を受けねばならない（63 条）。市町村長は，受理した日から 30 日以内に申請にかかる建築物の計画が都市計画に定められた建築物の形態意匠の制限に適合するか否かを審査し，適合すると認めた場合には申請者に対して認定証を交付する。この認定がなくても建築確認は得られるが，認定されるまでは建築等の工事の着手が制限されている（63 条）。また，市町村長は，違反建築

物については，**是正命令権限を行使でき**（64条），建築工事計画や施工状況等についての報告徴収や立入検査の権限も与えられている（71条）。また，市町村は，条例で，工作物の形態意匠等や開発行為についての必要な制限を定めうる（72条，73条）。

なお，景観法の施行に伴い，従来，都市計画法の地域地区のひとつであった「美観地区」が廃止されて，「景観地区」に移行した。

景観行政団体の長は，良好な景観の形成のための事業の実施等の業務を適正かつ確実に行えると認められる一般社団法人等を，**景観整備機構**（92条）として指定できる。また，住民・事業者・関係行政機関等が協力して取り組む場として，**景観協議会**が設けられ，同協議会で決められたことには尊重義務があるとされている（15条）。さらに，土地所有者等の3分の2の同意を得て景観計画・景観地区の提案が可能となっている（11条以下）。このように，景観法は，限界はあるものの，景観を巡る合意形成のあり方にも一定の配慮を示し，住民側のイニシアティブによる良好な景観の形成と維持の可能性を開いた。

その一方で，景観法については，制度上の課題がなお残っている。そもそもの問題として「良好な景観」とは具体的には何なのかは常に問題となりうる（⇨**Column**）。

また，市町村長の認定制度について，不認定とされた事例は，芦屋市で建設予定であった5階建てマンションにつき，周辺の戸建て住宅地の景観と調和していないとして不認定とした1件のみが知られており，制度の活用状況には疑問も残る。また，**7-2**のとおり，景観行政団体数737に対し，住民の実質的な参加が期待される景観整備機構は全国で120法人，法的規制の強い景観地区はわずかに50地区にとどまっている。

景観法は，良好な景観の形成・維持に意欲のある自治体による積極的な取組みを前提として初めて機能する法律であり，受身の姿勢で良好な景観が保持されるわけではないが，これまで力の弱い**自主条例**しか規制方法がなかった自治体も，やる気になれば個別法令の授権に基づいて，強力な**委任条例**を制定できるようになった。

7-2 景観法の施行状況（2019年3月31日時点）

景観行政団体数	737団体 都道府県（45団体）政令市（20団体）中核市（54団体）その他の市町村（618団体）
景観計画策定団体数	578団体 都道府県（20団体）政令市（20団体）中核市（50団体）その他の市町村（488団体）
景観重要建造物	615件（2県97市区町）
景観重要樹木	261件（58市区町村）
景観協定	110件（3県52市区町）
景観協議会	のべ98組織（1県54市町村）
景観整備機構	のべ120法人（21都道県62市区町村）
景観地区	50地区（29市区町村）
準景観地区	6地区（4市町）
地区計画形態意匠条例	111地区（26市区町村）
景観農業振興地域整備計画策定団体	11団体（11市町村）
屋外広告物条例を制定した景観行政団体（政令市・中核市以外の市町村）	90団体

（出典：国土交通省ウェブサイト）

2 他の主な景観保護制度

(1) 風致地区 C-10

景観法以外にも都市計画法や建築基準法（⇨**Chapter 6**）は，景観保護に活用しうる制度をかねてから設けている。

風致地区制度（都計法8条1項7号，9条21項）は，1919年に成立した旧都市計画法以来続く由緒ある制度である。各自治体は，政令の基準に従い，条例によって「風致地区内における建築物の建築，宅地の造成，木竹の伐採その他の行為」（昭和44年政令317号）につき，風致を維持するために必要な規制を行うことができる。風致は，主として自然のおもむきを指す言葉であるが，純粋な自然ではなく，多くの場合，生け垣，屋敷林，鎮守の森，水辺，さらには農地など，人工的に管理された都市の自然を指している。

都市における自然との調和を重視する風致地区内では，建築物の建築のみならず，宅地の造成，木竹の伐採等についても，都道府県知事ないし市町村長の許可が必要となる。風致地区都道府県別指定面積は，2017年3月31日現在，765地区で170,105.7 haが指定されている。風致地区制度は，あくまで都市環境ないし生活環境のなかにある「都市の自然」を保護対象とする点で，純粋な自然保護とは出発点が異なっている。

(2) 景観協定 7-3

住民合意によるきめ細やかな景観に関するルールづくりをめざす景観協定は，建築協定（⇨**Chapter 6**）を範とした制度である。土地所有者等の権利者全員の合意により，建築物・緑・工作物・看板・青空駐車場など景観に関する様々な基準を一体的かつ自主的に定め，**特定行政庁**の認可を受けることで，強い法的効力を持ちうる。建築物や緑のほか，ソフトな部分まで含めて景観に関する様々な事柄を定められる点が特徴であり（**7-4**参照），法律的には**行政契約**を利用した環境政策の手法といえる。

> **7-3** 中原一丁目地区景観協定（三鷹市）の概要
>
> - 認可年月日：2014年7月2日
> - 認可番号：1
> - 位置：中原一丁目26番
> - 規模：6,484.71平方メートル（約0.6ヘクタール），45区画
> - 有効期間：10年間（自動更新規定あり）
> - 基準の概要（用途・住宅，敷地面積120平方メートル以上，壁面の位置の基準，垣又は柵の基準，緑化率・空地面積の30%以上，屋外広告物に関する基準，防犯等に関する基準，緑化の維持に関する基準，清掃活動・道路の使用に関する基準）
> ※景観協定区域内で建築物の建築等を行うときは，景観協定に定める運営委員会への届出が必要です。

（出典：三鷹市ウェブサイト）

同地区の第一種低層住居専用地域にある住宅街。規格の揃った住宅が並び，調和のとれた景観を形成している。

(3) その他の制度

都市計画法の地区計画（⇨**Chapter 6**）も，景観保護に資する制度である。

その他，都市計画法には，**歴史的風土特別保存地区**（都計法8条1項10号，古都における歴史的風土の保存に関する特別措置法6条1項），**明日香村歴史的風土保存地区**（都市計画法8条1項11号，明日香村における歴史的風土の保存及び生活環境の整備等に関する特別措置法3条1項），**伝統的建造物群保存地区**（都市計画法8条1項15号，文化財保護法143条1項）など歴史的景観を維持・保全するための制度が設けられている。

最近では，観光圏の整備による観光旅客の来訪及び滞在の促進に関する法律（**観光圏法**）や地域における歴史的風致の維持及び向上に関する法律（**歴史まちづくり法**）など，歴史的景観を

・建築物や工作物について，色や形状，素材，高さ，敷地の緑化等を定め，良好な市街地や地域色豊かな集落の景観の保全・創出を図る。
・周辺の緑地と一体的に良好な景観を有している住宅地，集落等において，緑地や樹林地等の保全と併せて建築物や工作物の高さ，色等についての基準を定め，良好な景観の形成を図る。
・商店街において，ショーウィンドウ，外観等の照明や，店の前に設置する可動式のワゴンの形式を定めること等により，にぎわいのある良好な商業景観の形成を図る。
・シンボルロード沿いの敷地にセットバック〔引用者注：公共空間を確保するために，道路等の境界線を建物敷地側へ後退させること〕を行いオープンカフェを設置すること，建築物の前に花を設置すること，清掃活動の回数等を定めること等により，格調とにぎわいのあるシンボル空間の形成を図る。　　　　　　　　　　　　　　　等

（出典：国土交通省ウェブサイト）

観光資源としてとらえ，その整備・維持に予算を支出する法律も少なからず作られている。

また，自治体の景観条例には，特徴的なものが少なくない。たとえば，小田原市景観条例は，建築物および工作物の色彩につき，全市域における行為の制限を詳細かつ具体的に掲げている **C-16**。

3 国立マンション判決

(1) 事件の概要

東京都国立市の国立駅前にある通称「大学通り」周辺の地区 **C-3** は，大正後期から昭和初期にかけて，丘陵地に鉄道を敷き（現在のJR中央線），国立駅から南に向けて延びる幅員44mの広い直線道路の中央部分に東京商科大学（現・一橋大学）を配置し，道路の左右に200坪を単位とする宅地を整然と区画するという計画の下に開発が進められた。地区の名称も「国立大学町」とされ，教育施設を中心とした閑静な住宅地を目指して地域の整備が行われ，美観を損なう建物の建築や風紀を乱すような営業は行われなかった。また，この地区においては，歩道橋が作られることに反対した**国立歩道橋事件**など，環境や景観を守ることを目的とした市民

大学通りの並木から姿をのぞかせるマンション。その高さと威容がうかがえる。

運動が盛んに行われ，大学通り周辺の景観は高い評価を得てきた。

1999年7月，ある不動産販売会社が，大学通りに面する企業跡地を購入し，同土地上に53.06m（後に43.65mに変更）の高層マンション **7-5** 建築計画を立てた。これに対し，近隣に学校を設置，居住，通学し，または大学通りの景観に関心を持つ住民らが，行政も巻き込んで，強力な反対運動を展開し，訴訟合戦となった（⇨**Chapter 2**）。

(2) 景観利益

国立マンション判決（最判平成18年3月30日民集60巻3号948頁）は，①良好な景観に②近接する地域内に居住し，その恵沢を日常的に享受する者が持つ**景観利益**は，法律上保護に値するとした。

景観利益が保護されるためには，第1に，良好な景観の存在が必要である。景観の良好性の判断は，主観的好感では足りないが，社会通念に照らし，客観的に価値が認められれば足りる。東京の吉祥寺で著名漫画家のやや奇抜な住居が景観利益を害するとして争われた事案 **C-2** では，この点が否定された。

本判決は，「都市の景観は，良好な風景として，人々の歴史的又は文化的環境を形作り，豊かな生活環境を構成する場合には，客観的価値を有する」とし（傍点引用者），人工景観を念頭

に置いており，歴史景観を含むとしても，自然景観について判断していないため，判決が人工景観とはいえない良好な自然景観の法的保護性まで承認したものであるかどうかは別に検討が必要である。

判決によれば，第2に，近接居住と景観利益の日常的享受が必要とされる。良好な景観に近接居住していれば，通常は同時にその日常的享受が肯定されよう。他方，遠くに居住する者や観光客には認められないであろう。

4 鞆の浦判決 C-11

鞆の浦判決（広島地判平成21年10月1日判時2060号3頁）は，高い文化的・歴史的価値をもち，地元住民にとって生活の基盤でありまちづくりの基点ともいえる港湾の一部を埋め立てて架橋するという公共事業を巡る紛争について，地元住民である原告らが，広島県を被告として，公有水面埋立法2条1項に基づく広島県知事による埋立免許の差止訴訟を提起した裁判で，広島地裁は原告全面勝訴判決を言い渡した。

本判決は，①鞆の浦に居住しその良好な景観を享受する原告らの**原告適格**を認めた点，②処分差止訴訟の訴訟要件である**重大な損害要件**について柔軟な判断を示した点（⇨**Column**），③鞆の浦の景観の価値はいわば「国民の財産」ともいうべき公益であるとして，慎重な政策判断を求めて，行政庁の**裁量判断の逸脱濫用**を認めた点で画期的である（⇨**Chapter 2**）。

5 歴史的建造物の保護

(1) 景観と歴史的建造物の保存問題

都市景観を構成するランドマークとして歴史的建造物があり，良好な景観の観点からはその保護が重要である。

一部につき保全措置が取られているが，特に明治以降の歴史的建造物は，民有公有を問わず，十分な法的保護がなく，時の経過により耐用年数を迎えつつある中で，老朽化による耐久性・機能低下，耐震構造上の問題に加え，民有にあっては経営合理化，公有にあっては慢性的な財政難もあって，次々と姿を消している（⇨Col-

umn）。

(2) 国宝・重要文化財の指定，伝建群の決定・重伝建の選定

歴史的建造物は，文化財保護法が定める6類型の文化財のうち「有形文化財」，すなわち「建造物……その他の有形の文化的所産で我が国にとつて歴史上又は芸術上価値の高いもの（これらのものと一体をなしてその価値を形成

Column

処分差止訴訟の「重大な損害」要件と鞆の浦判決

処分差止訴訟は，行政庁により一定の処分（たとえば許認可）がされようとしている場合に，当該処分をしてはならない旨を命ずるよう求める行政訴訟の形式であり（行訴3条7項），訴えが適法とされるためには，原告に「重大な損害」が認められなければならない。

判例（最判平成24年2月9日民集66巻2号183頁）は，「重大な損害」について，処分後に取消訴訟等を提起して執行停止を受ける等により容易に救済されない損害をいうとする。業務停止や許認可取消し等の不利益処分を争う事案とは異なり，景観破壊につながる許認可の処分差止訴訟の場合，許認可それ自体が直接の損害をただちに原告にもたらすわけではない。むしろ，許認可により法的に許容された事実行為（たとえば開発・操業行為）の結果として，環境影響による損害が生ずるという関係にある。許認可処分と事実行為の間には通常，時間差があるから，「司法審査を遅らせても，執行停止を活用すれば救済しうる」という行政側の反論が成立しやすく，判例の見解を形式的に当てはめると，ほぼ常に重大な損害要件が不充足となりかねない。しかし，鞆の浦判決は，事業の内容・工程，訴訟の進行状況，被害回復の困難性を踏まえ，実際的に判断して重大な損害要件の充足を認めた。

Column

歴史的建造物の消失

古いデータしかないが，東京都が実施した1990年度の調査では，千代田区，中央区，港区，新宿区，台東区内に所在する日本建築学会編「日本近代建築総覧」（1980年）記載の歴史的建造物の消失率は，10年間で53.1%（1016件のうち，消失が確認された物件が539件）に上った。日本建築学会札幌支部の1993年の調査でも，札幌，函館，旭川三市で，同総覧記載の337件のうち，消失が確認されたものは86件（25.5%）となっている。歴史・文化のまちづくり研究会による調査（2009年）では，同総覧記載の東京23区内の近代建築2196件のうち，残っている建物は585件に過ぎず，消失率は73.4%となっている。

日本銀行　　　　　　　　　　（写真：日本銀行）

三井本館

している土地……を含む。）」に該当する（文化財保護法2条1号）。

　有形文化財のうち重要なものは「重要文化財」（27条1項）**C-13** **7-6** とされ，さらに世界文化の見地から価値の高いもので，たぐいない国民の宝たるものは「国宝」（27条2項）に指定され，その管理，保護，公開，調査に関する規制と一定の援助がされる。指定により所有者等に法律上の管理義務が発生し（31条），現状変更は許可制となり（43条），種々の届出義務が課され，違反に対しては刑事罰による制裁が用意されている（197条）。

　指定制度は文化財を重点的に厳選して，永久的に保存しようとするもので，行為規制は強力である。その裏返しとして，保存に伴って所有者に生ずる損害は補償の対象となり，維持管理への経済的支援が必要とされる。

　また，歴史的建造物を含む町並み全体を保存するための「伝統的建造物群保存地区（伝建群）」（142条）は，市町村が決定し，国がその中から特に価値の高いものを「重要伝統的建造物群保存地区（重伝建）」（144条）として選定する。これにより現状変更が規制され（143条），管理等に関する補助がされる（146条）。

(3)　制度上の課題

　これらの制度は一定程度機能しているが，従来の重点主義・厳選主義の下で保護されてきたのは近世以前の古社寺や城郭建築等であり，近代（明治時代）以降，とりわけ昭和以降の建造物はまだほとんど指定されていない。近代以降の建造物については，数が多い上に，建築年数が相対的に浅いことのほか，一般に小規模な木造建築物と異なり保存コストが高く，限られた文化財保護関連予算の中で，財政上の制約のために指定が進んでいない。

　これらの制度に限られた問題ではないが，法制上所有者等の同意が指定要件ではないにもかかわらず，円滑な文化財保護行政を図るために制度運用にあたり同意を得ることが必要とされている。これも，指定が進まない一因である。

(4)　有形文化財の登録

　とりわけ近代以降の歴史的建造物消失への危機感から，1996年改正で導入されたのが，登録文化財制度である。国および地方公共団体の指定外の有形文化財のうち，「文化財としての価値にかんがみ保存及び活用のための措置が特に必要とされるもの」については，文部科学大臣により登録原簿に登録される（文化財保護法57条）。

　登録制度は文化財としての価値の周知を目的とし，届出制と指導，助言，勧告を基本として，自発的な保護に期待しつつ，ゆるやかな保護措置を講じるものであり，指定制度の補完として位置づけられている。所有者には管理義務が課されるが（60条），現状変更等について届出義務が課されるに過ぎず（64条），違反についても行政罰が科されるにとどまる（203条）。維持管理に対する支援も弱く，建造物の保存活用の

ために必要な修理につき設計監理費の2分の1を国が予算補助するにとどまる（登録有形文化財建造物修理等事業費国庫補助要綱）。

登録制度は所有者に届出義務を発生させるものにすぎず，したがって単体保護としては必ずしも十分でない。保存に伴って所有者に生ずる損害は軽微である一方で，維持にあたってささやかな経済的支援がされるにとどまる。指定と異なり，規制が弱く改変が自由であり，支援も弱く所有者にとって保存の誘因も乏しいという課題がある。

なお，歴史的建造物の取壊しが問題となったとしても，取壊しを差し止める訴訟は，訴訟理論上，有効に提起しえない現状にある。

(5) 文化財が直面する2つの危機

21世紀を迎えて，日本の文化財は，破壊と劣化という2つの危機にさらされている。

第1の危機は，文化財の破壊である。現実には火災や天災による非意図的な文化財の滅失も少なくないが，典型的なケースは開発行為など土地利用の改変に伴って，意図的に文化財が破壊される場合である。歴史的建造物を維持するよりも建て直したほうが経済的に有利になる現行法制度は，この危機を緩和する方向ではなく，むしろ悪化させる方向にさえ働いてきた。

第2の危機は，文化財の劣化である。人口の地域偏在（過疎化）と少子高齢化による急激な人口減少を主たる原因とし，文化財保護にとどまらず，わが国が直面する極めて巨大な課題として，具体化かつ深刻化している。たとえば，すでに地方では，少なくない神社仏閣が維持困難となって放置されて久しく，地方に伝わるさまざまな祭りも，伝承されないまま消滅しつつある。

文化財保護法の2018年改正は，主として第2の危機を念頭に置いた法的対応と言える。文化財の劣化は通常，非意図的であるが，文化財の劣化が明白でありながら，長期にわたり漫然と放置する行為は，意図的とさえ評価しうる（すべき）場合があろう。

すでに法令により保護されている文化財につ

いても課題はあるが，より深刻な課題は，そもそも文化財保護法ないし条例（典型的には指定制度）によって保護対象にさえなっていない多数の文化財である。何ら法令上の保護措置が取られていない「未指定文化財」の保存と活用も，重要な課題である。

参考文献
- 五十嵐敬喜，池上修一，野口和雄『美の条例――いきづく町をつくる』（学芸出版社，1996年）
- 石井一子『景観にかける　国立マンション訴訟を闘って』（新評論社，2007年）
- 後藤治，オフィスビルディング研究所「歴史的建築物活用保存制度研究会」『伝統を今のかたちに（都市の記憶を失う前に）』（白揚社，2017年）

廃棄物だからこそ丁寧に
——適正処理の法制度

1 循環法制の目的と体系

(1) 目 的

Chapter 8 と *Chapter 9* では，廃棄物処理やリサイクルに関わる循環法制について説明する。循環法制は，生活環境・公衆衛生問題や資源問題に対処するための法制度である。循環法制は，どうして必要なのか。

第1に，廃棄物の処理が適切に行われなければ，悪臭や害虫が発生したり **8-1**，有害物質で地下水が汚染されたりする **C-12**（⇨*Chapter 5*）。そうすると，周囲の生活環境が破壊され，場合によっては，重大な健康被害が生じてしまう。もし誰もが自主的に適切な廃棄物処理をするならば，それを義務づける法制度は不要であろう。しかし理論上は，それが期待できないと

考えられている。なぜならば，適切な廃棄物処理は費用を要するところ，市場原理の下では，なるべくその費用をかけず不適切に処理する方が，経済合理性の点で望ましいためである（市場の失敗）。こうした理解に立てば，生活環境・公衆衛生問題の発生を防止するためには，適正な廃棄物処理を確保する法制度が必要である。

第2に，従来の大量生産・大量消費・大量廃棄型社会は，持続可能ではない。生産に要する天然資源は有限であり，とりわけ日本は少資源国である。そのため，いつまでも資源の浪費を続けることはできない。また，大量廃棄を続けて廃棄物最終処分場の容量が不足したとしても，大半の人は，近所に処分場が建設されることを望まない（NIMBY：not in my backyard）**8-2**。処分場の建設が，思うとおりに進まなければ，大量の廃棄物は，行き場を失ってしまう。この

8-1 新・夢の島 ハエの発生

新・夢の島

ハエ退治空陸作戦

（朝日新聞 1973 年 9 月 22 日夕刊）

8-2 東京ゴミ戦争：杉並清掃工場建設反対運動

見張り小屋前でプラカードを掲げて気勢をあげる反対同盟の住民たち（東京都杉並区，1968 年 11 月 11 日）。（写真：毎日新聞）

ような事態を避けるためには，社会システムを転換する必要があり，循環法制は，それを推進するための法制度である。

(2) 体　系

循環法制は，その基本理念を定めた「環境基本法」「循環型社会形成推進基本法」と，規制などの具体的な仕組みを定めた個々の法律からなる 8-3 。生活環境・公衆衛生問題に取り組む「廃棄物の処理及び清掃に関する法律」（廃棄物処理法）は，1970 年に制定された（同法の前身として，汚物掃除法〔1900 年〕，清掃法〔1954年〕が存在した）。資源問題に対処する各種のリサイクル法は，1990 年代から整備されてきた。歴史的にみれば，生活環境・公衆衛生問題に対する法制度が，早くから整備されてきたことがわかる。

循環型社会形成推進基本法によれば，目指すべき「**循環型社会**」とは，「天然資源の消費を抑制し，環境への負荷ができる限り低減される社会」をいう（2 条）。同法は，循環型社会を構築するために，①発生抑制，②再使用，③再生利用，④熱回収，⑤適正処分といった対策を，それぞれの優先順位に留意して進める必要があるとしている（⇨***Chapter 9***）。このうち，

主として⑤を確保するための法律が，廃棄物処理法であり，***Chapter 8*** では，同法の解説を行う。③の推進に関する法制度については，次の ***Chapter 9*** で説明する。

2 廃棄物処理法の全体像

廃棄物処理法は，生活環境の保全と公衆衛生の向上を目的とし（1 条），その達成手段として，様々な仕組みを定める 8-4 。ごく大雑把にいえば，①処理責任の所在を明確化したうえで，②処理基準に沿った適正な処理を義務づけ，③不適正な処理を是正するための仕組みを設けている。

3 「処理」概念

廃棄物処理法の「処理」は，分別・保管・収集・運搬・再生・処分などを含む，広い概念である（1 条） 8-5 。同法の「処分」は，「中間処理」（焼却・脱水・中和・破砕など）と「最終処分」（埋立・海洋投入）に大別される。中間処理は，最終処分前に廃棄物を減容化・無害化する工程である。廃棄物処理法は，処理の各段階で，必要な規制を行っている。

8-3 　循環法制の体系

環境基本法（1993 年）	
循環型社会形成推進基本法（2000 年）	
〈廃棄物の適正処理〉 廃棄物処理法	〈リサイクルの推進〉 資源有効利用促進法 個別リサイクル法

・廃棄物処理法（1970 年）：廃棄物の排出抑制・適正処理
・資源有効利用促進法（2000 年）：使用済物品・副産物の発生抑制，再生資源・再生部品の利用促進
・容器包装リサイクル法（1995 年）：ビン・カン・ペットボトルなどの分別収集・再資源化
・家電リサイクル法（1998 年）：テレビ・冷蔵庫・洗濯機・エアコンの再資源化
・食品リサイクル法（2000 年）：食品の製造・加工・販売業者が食品廃棄物の再資源化
・建設リサイクル法（2000 年）：コンクリート・木材など建築物廃材の再資源化
・自動車リサイクル法（2002 年）：自動車のエアバッグやシュレッダーダストなどの再資源化
・グリーン購入法（2000 年）：国などによる再生品の調達を推進
・小型家電リサイクル法（2012 年）：使用済小型電子機器（PC，携帯，デジカメ，ゲーム）の再資源化
・シップリサイクル法（2018 年）：船舶の有害物質一覧表の作成や再資源化解体の許可取得義務づけ
・食品ロス削減推進法（2019 年）：食品ロス削減の総合的推進

（環境省資料をもとに作成）

目的	廃棄物の排出抑制，廃棄物の適正処理（収集，運搬，再生，処分等），生活環境の清潔保持により，生活環境の保全と公衆衛生の向上を図る。	
定義	廃棄物＝汚物または**不要物**であって固形状または液状のもの（放射性物質等除く）	
	一般廃棄物	産業廃棄物
	○産業廃棄物以外の廃棄物	○事業活動に伴って生じた廃棄物のうち，燃え殻，汚泥，廃油，廃プラスチック類等の廃棄物
処理責任等	○**市町村**が一般廃棄物処理計画に従って処理する（市町村が処理困難な場合は許可業者が処理）	○**事業者**が，その責任において，自らまたは許可業者への委託により処理する。
処理基準	○収集運搬，保管，処分，再生に関する基準	○収集運搬，保管，処分，再生に関する基準
収集運搬業，処分業	○**市町村長**の許可制 ○**市町村長**による報告徴収，立入検査，改善命令等	○**知事**の許可制 ○**知事**による報告徴収，立入検査，改善命令等
処理施設	○知事の許可制 ○知事による報告徴収，立入検査，改善命令等	○知事の許可制 ○知事による報告徴収，立入検査，改善命令等
産業廃棄物管理票	－	○排出から最終処分までの把握・管理のため，処理委託時に管理票（マニフェスト）を交付
不法投棄禁止等	○みだりに廃棄物を捨ててはならない。 ○処理基準に従って行う場合等を除き，廃棄物を焼却してはならない。	
措置命令	○都道府県知事（産廃）または市町村長（一廃）は，処理基準に適合しない廃棄物の処分が行われ，生活環境の保全上の支障を生じ，または生ずるおそれがあるときは，必要な措置を講ずるように命ずることができる。	
罰則	○不法投棄の場合，5年以下の懲役もしくは1000万円以下の罰金またはその併科（法人によるものは，3億円以下の罰金）	

（環境省資料をもとに作成）

8-5　「処理」概念

（出典：公益財団法人日本産業廃棄物処理振興センターウェブサイト）

4　廃棄物の定義・区分・処理責任

(1)　廃棄物

　廃棄物処理法は，廃棄物を「不要物」と定義する（2条1項）。不要物に該当する物は，同法の厳しい規制を受けることになるため，実務上，その該当性が重要な問題となる。では，その該当性は，どのように判断されるのか。最高裁判例（⇨**Column**）によれば，不要物とは，「自ら利用し又は他人に有償で譲渡することができないために事業者にとって不要になった物」をいい，その該当性は，①物の性状，②排出の状況，③通常の取扱い形態，④取引価値の有無，⑤事業者の意思によって総合的に判断される

（総合判断説）。

(2) 廃棄物の区分

廃棄物は，「一般廃棄物」と「産業廃棄物」に大別される（2条2項・4項）。一般廃棄物と産業廃棄物は，どう区別されるのか **8-6**。廃棄物処理法上，①事業活動に伴って生じる廃棄物のうち，②法令で指定されたもの（20種類）が，産業廃棄物であり **C-14**，それ以外の廃棄物は，一般廃棄物である。①によれば，家庭から出るごみは，一般廃棄物である。他方で，工場やオフィス，飲食店から出るごみが，すべて産業廃棄物かというと，そうではない。②によれば，事業活動に伴って出るごみであ

Column

おから事件（最決平成11年3月10日判時1672号156頁）

おからは「不要物」にあたるか。養豚業者Yは，廃棄物処理法上の許可を得ず，豆腐製造業者から受け取ったおからを収集運搬・処分したところ，同法違反の罪（産業廃棄物の無許可営業罪）にあたるとして起訴された。Yは，おからが廃棄物にあたらないとして無罪を主張したため，その該当性が争点となった。

最高裁は，総合判断説に基づき，①非常に腐敗しやすいこと，②豆腐製造業者によって大量に排出されていること，③本件当時，大部分は，無償で牧畜業者等に引き渡されたり，有料で廃棄物処理業者に処理が委託されたりしていたこと，④Yが処理料金を徴収していたことを指摘し，本件おからが不要物にあたると結論づけた。

っても，法令で産業廃棄物に指定されていないものは，事業系の一般廃棄物に分類される。なお，一般廃棄物と産業廃棄物のいずれについても，「特別管理廃棄物」という類型がある。特別管理廃棄物は，「爆発性，毒性，感染性その他の人の健康又は生活環境に係る被害を生じるおそれがある」廃棄物として政令で定めるものをいい（2条3項・5項），特別な処理基準が設けられる。特別管理一般廃棄物は，廃家電のPCB使用部品など，特別管理産業廃棄物は，廃油やPCB処理物（⇨**Chapter 5**）などである。

(3) 廃棄物の処理責任

廃棄物の処理責任は，誰が負うのか。一般廃棄物の処理責任は，市町村が負い，産業廃棄物の処理責任は，排出事業者が負う **8-6**。

まず，一般廃棄物の処理は，歴史的に公共サービスとされており，市町村は，「一般廃棄物処理計画」を策定する義務がある（6条）。市町村の一般廃棄物処理は，①直営，②委託業者，または，③許可業者によって行われる。ただし，廃棄物処理法は，事業者が事業活動に伴って生じた廃棄物を自らの責任で適正に処理する義務があると定める（3条1項）。そこで，事業系一般廃棄物の排出事業者は，家庭系ごみの収集場にその廃棄物を出すことは禁じられ，自ら清掃工場に搬入して処理をしてもらうか，許可

8-6 廃棄物の区分

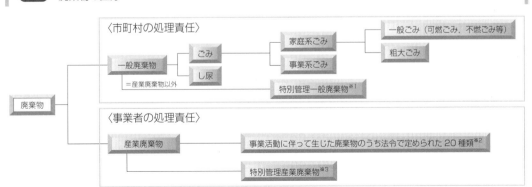

※1：一般廃棄物のうち，爆発性，毒性，感染性その他の人の健康又は生活環境に係る被害を生ずるおそれのあるもの。
※2：燃え殻，汚泥，廃油，廃酸，廃アルカリ，廃プラスチック類，紙くず，木くず，繊維くず，動植物性残渣（さ），動物系固形不要物，ゴムくず，金属くず，ガラスくず，コンクリートくず及び陶磁器くず，鉱さい，がれき類，動物のふん尿，動物の死体，ばいじん，輸入された廃棄物，上記の産業廃棄物を処分するために処理したもの。
※3：産業廃棄物のうち，爆発性，毒性，感染性その他の人の健康又は生活環境に係る被害を生ずるおそれがあるもの。

（出典：『平成30年版　環境・循環型社会・生物多様性白書』）

業者に委託し処理してもらう，といったことが求められる。

次に，産業廃棄物の処理責任を果たす方法は，「自己処理」と「委託」に分けられる。第1に，廃棄物処理法上，排出事業者の自己処理が原則である（**排出事業者処理責任原則**。11条1項）。自己処理は，「産業廃棄物処理基準」に従って行われなければならない（12条1項）。第2に，排出事業者は，処理費用を負担し，処理自体を他人に委託してもよい。ただし，委託の場合には，許可を受けた産業廃棄物処理業者に委託しなければならず（12条5項），政令所定の委託基準（委託内容が当該処理業者の許可事業範囲に含まれることや，委託契約が書面でなされ，そこに処理施設の場所や処理能力などが記載されていることなど）に従わねばならない（同条6項）。さらに排出事業者は，処理を委託する場合であっても，①当該産業廃棄物について適正処理が行われるようにする一般的な注意義務（当該産業廃棄物の処理状況に関する確認を行い，当該廃棄物について発生から最終処分が終了するまでの一連の処理行程における処理が適正に行われるために必要な措置を講ずるように努めなければならない）を負うことに加え（12条7項），②次に述べる産業廃棄物管理票の交付義務を負う（12条の3）。

(4) 産業廃棄物管理票

産業廃棄物管理票（マニフェスト）は，排出事業者自身が産業廃棄物を管理するための仕組みであり，処理の過程で不法投棄が行われるのを防ぐことを目的とする 8-7 。排出事業者は，運搬・処分の委託時に，廃棄物の種類・量・受託者の氏名を記載した産業廃棄物管理票を受託者に交付し（12条の3），適正に処理されたことを記載した管理票の写しを後に受け取る（保管義務あり）。排出事業者は，管理票の写しを受けないときや不適切な管理票の記載があったときは，状況把握に努めて適切な措置を講じるとと

8-7 産業廃棄物管理票（マニフェスト）

産業廃棄物管理票（マニフェスト）A票

交付年月日　年　月　日 | 交付番号 | 整理番号 | 交付担当者　氏名　印

排出事業者控

事業者（排出者）　氏名又は名称／住所 〒／電話番号

事業場（排出事業場）　名称／所在地 〒／電話番号

産業廃棄物

□ 種類（普通の産業廃棄物）		□ 種類（特別管理産業廃棄物）	
□ 0100 燃えがら	□ 1200 金属くず	□ 7000 引火性廃油	□ 7424 燃えがら（有害）
□ 0200 汚泥	□ 1300 ガラス・コンクリート・陶磁器くず	□ 7010 引火性廃油（有害）	□ 7425 廃油（有害）
□ 0300 廃油	□ 1400 鉱さい	□ 7100 強酸	□ 7426 汚泥（有害）
□ 0400 廃酸	□ 1500 がれき類	□ 7110 強酸（有害）	□ 7427 廃酸（有害）
□ 0500 廃アルカリ	□ 1600 家畜のふん尿	□ 7200 強アルカリ	□ 7428 廃アルカリ（有害）
□ 0600 廃プラスチック類	□ 1700 家畜の死体	□ 7210 強アルカリ（有害）	□ 7429 ばいじん（有害）
□ 0700 紙くず	□ 1800 ばいじん	□ 7300 感染性廃棄物	□ 7430 13号廃棄物（有害）
□ 0800 木くず	□ 1900 13号廃棄物	□ 7410 PCB等	□ 7440 廃水銀等
□ 0900 繊維くず	□ 4000 動物系固形不要物	□ 7421 廃石綿等	□
□ 1000 動植物性残さ	□	□ 7422 指定下水汚泥	□
□ 1100 ゴムくず	□	□ 7423 鉱さい（有害）	□

数量（及び単位）　荷姿

産業廃棄物の名称

有害物質等　処分方法

備考・通信欄
□ 水銀使用製品産業廃棄物
□ 水銀含有ばいじん等
□ 石綿含有産業廃棄物
□ 特定産業廃棄物

中間処理産業廃棄物　管理票交付者（処分委託者）の氏名又は名称及び管理票の交付番号（登録番号）
□ 帳簿記載のとおり
□ 当欄記載のとおり

最終処分の場所　名称／所在地／電話番号
□ 委託契約書記載のとおり
□ 当欄記載のとおり

運搬受託者　氏名又は名称／住所 〒／電話番号

運搬先の事業場（処分事業場）　名称／所在地 〒／電話番号

処分受託者　氏名又は名称／住所 〒／電話番号

積替え又は保管　名称／所在地 〒／電話番号

運搬の受託　（受託者の氏名又は名称）（運搬担当者の氏名）　受領印　運搬終了年月日　年　月　日　有価物拾集量　数量（及び単位）

処分の受託　（受託者の氏名又は名称）（処分担当者の氏名）　受領印　処分終了年月日　年　月　日　最終処分終了年月日　年　月　日

最終処分を行った場所　名称／所在地／電話番号　（委託契約書記載の場所にあっては委託契約書記載の番号）

照合確認　B2票　年　月　日／D 票　年　月　日／E 票　年　月　日

複製を禁じます　類似品にご注意ください

（直行用）

発行元：公益社団法人 全国産業資源循環連合会

（出典：公益社団法人全国産業資源循環連合会）

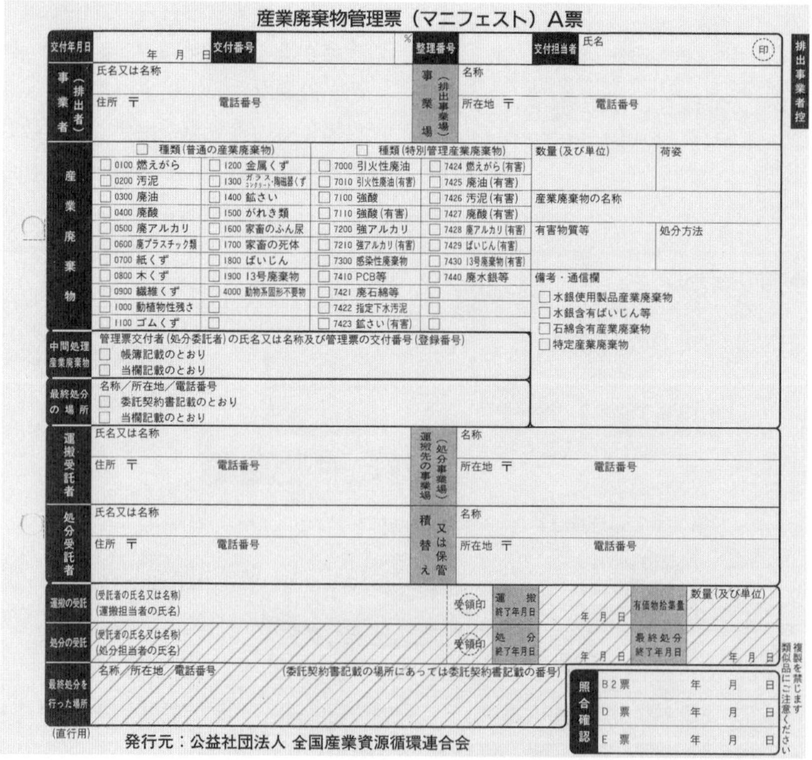

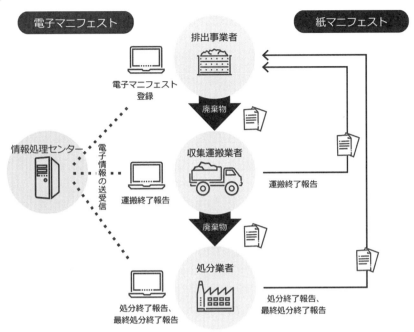

8-8 「電子マニフェスト」制度

電子マニフェスト

紙マニフェスト

排出事業者

電子マニフェスト
登録

情報処理センター

電子情報の送受信

廃棄物

収集運搬業者

運搬終了報告

運搬終了報告

廃棄物

処分業者

処分終了報告、
最終処分終了報告

処分終了報告、
最終処分終了報告

（出典：公益財団法人日本産業廃棄物処理振興センターウェブサイト）

もに，そのことを知事に報告する（12条の3第7項・8項）。また，1998年から「電子マニフェスト」制度も導入されており **8-8**，今後の利用拡大が期待されている。

5 許可制度

廃棄物処理法は，「**業許可**」と「**施設許可**」という，2つの許可制度を設けている。以下では，産業廃棄物を例に説明しよう。

(1) 業許可

産業廃棄物処理業をしようとする者は，知事の許可を得る必要がある（14条1項）。収集・運搬業と処分業とでは，別個の許可を要する。許可要件として，①事業用施設・申請者の能力要件に加え，②一定の**欠格要件**がある（14条5項・10項）。欠格要件とは，法律の遵守を期待できない不適格者を類型化したリストであり，これに該当する申請者は，許可を得られない。たとえば，「暴力団員等がその事業活動を支配する者」も，欠格要件の1つである（14条5項2号ヘ）。許可後に欠格要件に該当したとき，そ

の許可は取消しの対象となる（14条の3の2）。

(2) 施設許可

廃棄物処理施設の設置には，都道府県知事の許可を要する（15条1項）。廃棄物処理施設としては，中間処理施設（焼却施設・中和施設・汚泥の脱水施設・油水分離施設・破砕施設など）と最終処分場（埋立施設）がある。この許可を得るためには，①その施設の設置計画が環境省令で定める技術上の基準に適合し，かつ，②周辺地域の生活環境について適正に配慮していなければならない（15条の2）。②に関し，許可の申請者は，「**生活環境影響調査（ミニアセスメント）**」をして，その結果を申請書の添付書類として知事に提出しなければならない（15条3項）。提出された生活環境影響調査は，公衆の縦覧（自由に見ること）に供され，市町村長や利害関係者（周辺地域の住民や事業者など）は，知事に対して意見を提出できる（15条4項～6項）。

6 最終処分場のタイプ

最終処分場は，安定型・管理型・遮断型の3

8-9 最終処分場のタイプ

安定型最終処分場

堰堤
展開検査場
浸透水採取設備（井戸）　監視井戸

管理型最終処分場

保有水等
集排水管
地下水集排水管
遮水工
浸出液
処理設備
浸出液調整槽　監視井戸

遮断型最終処分場

耐水性・耐久性材料を用いた被覆（屋根）
耐水性・耐腐食性ライナー　仕切設備（壁）　監視井戸

（出典：国立環境研究所ウェブサイト）

タイプに分けられ，それぞれ受入れ可能な廃棄物が決まっている **8-9**。これは，廃棄物の性質（安全性・安定性）に応じた区分である。

「安定型最終処分場」は，素掘りの処分場であり，最も簡素な造りの施設である。この処分場は，①廃プラスチック類，②ゴムくず，③金属くず，④ガラスくず・コンクリートくず・陶磁器くず，⑤がれき類といった安定型産業廃棄物（安定5品目）だけを受け入れる。「管理型最終処分場」は，「遮水工」（遮水シートなど）を備えた処分場であり，安定型／遮断型最終処分場で処分される産業廃棄物以外の産業廃棄物・一般廃棄物が埋め立てられる。遮水工は，浸出水（主に処分された廃棄物を通過する雨水）による地下水などの汚染を防ぐために設けられる。「遮断型最終処分場」は，コンクリート製の最も頑丈な処分場であり，一定以上の有害物質を含む燃え殻・汚泥・鉱さい・ばいじん

などが埋め立てられる。

7 義務履行確保の仕組み

産業廃棄物の処理に際しては，自己処理でも委託処理でも，産業廃棄物処理基準を遵守しなければならない。また，処理施設の操業にあたっては，維持管理の技術上の基準を遵守しなければならない。しかし，このように各種の基準に基づく処理を義務づけたとしても，不適正処理は行われうる。そのため，廃棄物処理法は，義務履行確保の仕組みを設けている。その仕組みは，①違反情報を集めるための仕組み，②義務の履行を強制するための仕組み，③義務違反者に制裁を与えるための仕組みに分けられる。

(1) 違反情報収集の仕組み——報告の徴収・立入検査

市町村長（一般廃棄物）・知事（産業廃棄物）は，①排出事業者，②収集・運搬・処分業者（廃棄物であることの疑いがある物の収集・運搬・処分業者も含む），③処理施設設置者から，必要な報告を徴収できる（18条）。さらに職員に，上記の者の事業所等に立入検査等をさせることができる（19条）。

(2) 強制の仕組み——改善命令・措置命令／代執行

第1に，改善命令がある。市町村長（一般廃棄物）や知事（産業廃棄物）は，処理基準に適合しない処分を行った者に対して，処理方法の変更その他必要な措置を講ずるように命じうる（19条の3）。廃棄物処理施設の改善命令・使用停止命令もある（9条の2・15条の2の7）。さらに，一定の場合には，業許可の取消し・施設許可の取消しが行われることも予定されている（7条の4・14条の3の2，9条の2の2・15条の3）。

第2に，措置命令がある。これは，処理基準に適合しない処分が行われ，かつ，生活環境の保全上支障が生じるおそれがあるとき，必要な措置（廃棄物の撤去など）の実施を命ずる仕組みである。一般廃棄物の場合，市町村長は，

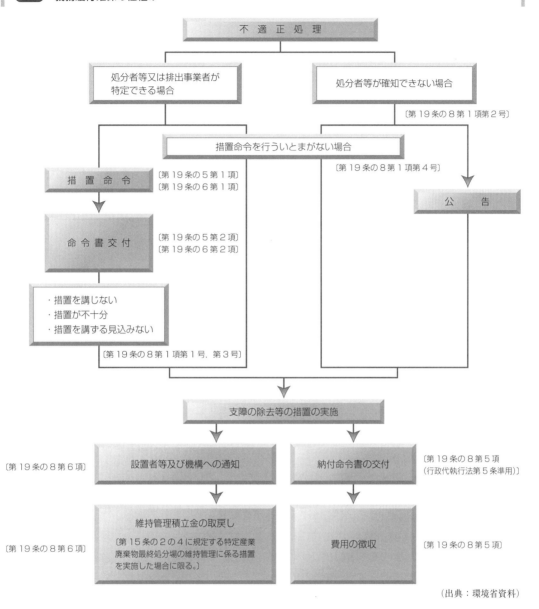

8-10 義務履行確保の仕組み

不適正処理

処分者等又は排出事業者が特定できる場合

処分者等が確知できない場合
〔第19条の8第1項第2号〕

措置命令を行ういとまがない場合
〔第19条の8第1項第4号〕

措置命令
〔第19条の5第1項〕
〔第19条の6第1項〕

命令書交付
〔第19条の5第2項〕
〔第19条の6第2項〕

公告

・措置を講じない
・措置が不十分
・措置を講ずる見込みない
〔第19条の8第1項第1号,第3号〕

支障の除去等の措置の実施

設置者等及び機構への通知
〔第19条の8第6項〕

納付命令書の交付
〔第19条の8第5項
（行政代執行法第5条準用）〕

維持管理積立金の取戻し
〔第15条の2の4に規定する特定産業廃棄物最終処分場の維持管理に係る措置を実施した場合に限る。〕
〔第19条の8第6項〕

費用の徴収
〔第19条の8第5項〕

（出典：環境省資料）

①当該処分を行った者，②委託基準に適合しない委託を行った者に対して，必要な支障除去または発生防止措置を行うよう命じることができる（19条の4）。産業廃棄物の場合，知事は，①②に加えて，③産業廃棄物管理票に係る義務（⇨**4**(4)）に違反した者，④上記①②③の者に対して不適正処分・違反行為を要求し，助けるなどの関与をした者などを措置命令の対象とし（19条の5），さらに，⑤不適正処分を行った者等に資力がない場合で，かつ，排出事業者が処理に関し，適正な対価を負担していないときや不適正処分が行われることを知りえたとき等の場合には，排出事業者も措置命令の対象となる（19条の6）。

なお，措置命令を受けた者が十分な措置を講じない場合，不法投棄等をした者が不明の場合，または，緊急の必要があって措置命令をする余裕がない場合には，まず行政側で支障の除去措置を行い，その費用を事後的に徴収できる（**代執行**。19条の7・19条の8）**8-10**。

豊島事件

　自動車破砕屑（⇨**Chapter 9**）は金属回収の原料であり廃棄物ではないという業者の主張を県が認めた結果，1980年代に香川県豊島に膨大な量の廃棄物が不法投棄された **C-12**。2000年6月の公害調停成立後（⇨**Chapter 2**），2017年3月末までに公費700億円以上を費やし，90万トン以上の廃棄物と土壌が撤去された。しかし，2018年に新たに600トン以上の廃棄物が発見されるなど，処理の完了には至っていない。豊島事件は，大規模不法投棄事案の事後的な解決が難しいことをよく示している。

豊島産廃 見えぬ決着

撤去後発見、香川県「調査は最善」

土を掘る重機と穴の深さを測る作業員ら＝4月12日、香川県土庄町

　香川県が撤去を終えたとしていた豊島（土庄町）の産業廃棄物＝🗝＝をめぐり、今年に入って新たな産廃が相次いで見つかった。県は4月に始めた再調査を1カ月でいったん終えたが、産廃がまだ残る可能性もある。新たに出てきた産廃の処理方法も決まらないままだ。

　🗝 豊島の産業廃棄物
　1980年代から民間業者が車の破砕くずなどの産廃を投棄し、90年に兵庫県警が強制捜査に乗り出すなどを香川県に求めて93年に公害調停を申請し、2000年に成立。県は業者への指導監督を怠ったとして住民に謝罪し、17年3月末までとする撤去期限を明記。同年3月28日に約91万2千トンの搬出を完了したとしていた。

　地面のいたるところが深くえぐられ、黄土色の岩盤が露出している。辺りには、鼻をつくにおいがただよっていた。

　4月上旬の豊島。処分地を視察した浜田恵造知事は記者団に「新たな産廃が出てこないことを願っている」と強調した。

　新たな産廃が出たのは1月。地下水を浄化するため地点に地面を掘ったところ、汚泥約85トンが見つかった。翌月も約30トンが出て、県は浜田知事の視察後の4月12日に再調査を開始。5月18日までに1月から数えて約6千10トンの産廃を確認した。

　今回の再調査で出たドラム缶などは、地表から1メートル以上の深さにあり、探知機に反応しなかった可能性がある。ただ、探知機を使わなかった場所で見つかったものもあった。

　豊島の産廃は、17年3月までにも地中の深い場所な

　県は2017年3月に撤去を「宣言」するまで、土壌の初の想定から量が増え続けた。こうした産廃が出ないかを検査して汚泥が含まれていないかを調査。産廃があまり調査がおろそかになったのではとの疑念も残るが、県は「調査は当時としておきに出る可能性は残る。深さ2メートルの溝を4メートルおきに掘り、目視で確認した」と述べている。

　再調査で出た産廃の処理も問題に。県と住民が結んだ公害調停は「ほかの地域にごみを押しつけたくない」との住民の思いが反映され、産廃はセメントなどの原料に再利用された。だが、ほかの処理施設などを担った直島の施設は解体が進み、ほかの処理施設での調整も難航している。汚染土の洗浄を大津市の業者に委託する計画が周辺住民らの反対で断念したこともあり、安岐事務局長は「調停などで定められた通り、適正な処理を進めてほしい」と話す。

（森下裕介）

（朝日新聞 2018年6月8日朝刊）

処理方法は未定

　再調査の目的について県は「廃棄物があるとの前提で調査しなければいけないと言ってきた」とし、「産廃が残っていないことを確認する」ためとした。一方で、住民らでつくる廃棄物対策豊島住民会議の安岐正三事務局長は「『産廃が残っていない』前提で調査しなければいけないと言ってきた」。結果として、県との認識のずれがあった。

（3）　制裁の仕組み──罰則

　廃棄物処理法は，多数の罰則規定を置く。同法の罰則は，重いことで有名である。たとえば，不法投棄（16条）・不法焼却（16条の2）は，5年以下の懲役・1000万円以下の罰金の一方または両方の対象となる（25条1項14号・15号。法人によるものは，3億円以下の罰金の対象となる。32条1項1号）。

8 廃棄物処理法の成果と課題

　廃棄物処理法は，どういった成果を上げたのか。1970 年の法律制定により，問題が解決したわけではない。むしろ，1990 年に摘発された香川県豊島事件 **C-12**（不法投棄量 50 万トン超），1999 年に摘発された岩手・青森県境不法投棄事件（同 125 万トン）をはじめ，大規模な不法投棄事件が発生してきた（⇨**Column**）。

　そこで，廃棄物の不法投棄や不適正処理を防止するため，廃棄物処理法の改正や厳格な執行がなされてきた。第 1 に，廃棄物処理法は，幾度もの改正を経て，その規制が強化されてきた。たとえば，廃棄物処理法制定当時は，不法投棄罪の罰金額は，上限 5 万円であったものの，現在では，同 1000 万円（法人は 3 億円）であり，懲役刑も定められている。1990 年代以降だけでも，1997 年，2000 年，2003 年に主要な改正が行われている。1990 年代以降の法改正は，①排出事業者責任の強化，②不適正処理対策，③適切な処理施設の確保に向けたものである（産業廃棄物処理の構造改革）。

　第 2 に，廃棄物処理法は，厳格に執行されてきた。廃棄物処理法の許可（とくに，産業廃棄物処理業許可）は，取消し例が非常に多い **8-11**。こうした取組みの効果もあり，新たに判明する不法投棄事件や不適正処理事件も減少傾向にある。たとえば，新規判明事案の不法投棄の件数や量は，ピークの 1990 年代後半に比べ，大きく減少している **8-12**。

参考文献

- 大塚直『Basic 環境法〔第 2 版〕』（有斐閣，2016 年）7 章
- 柳川喜郎『襲われて──産廃の闇，自治の光』（岩波書店，2009 年）
- 石渡正佳『産廃コネクション』（WAVE 出版，2002 年）

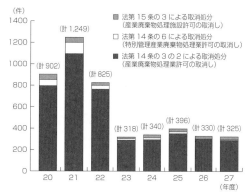

8-11 取得処分年数の経年変化

（出典：環境省資料）

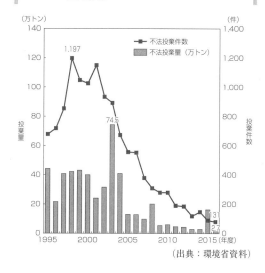

8-12 産業廃棄物の不法投棄件数および投棄量の推移

（出典：環境省資料）

Chapter 9 循環型社会づくりへのチャレンジ
──リサイクルの法制度

1 資源の循環

　循環型社会（⇨**Chapter 8**）を構築するために
は，資源利用のあり方を見直す必要がある。そ
こで政府は，日本の物質フロー（ものの流れ）
を把握し **9-1**，その入口，循環，出口につい
て目標を定めている。

　具体的には，①資源生産性（＝GDP÷天然資
源等投入量）の向上，②循環利用率（＝循環利用
量÷（循環利用量＋天然資源等投入量））の上昇，
③最終処分量（＝廃棄物の埋立量）の低減を目
指し，数値目標を設定している。簡単にいえば，
①より少ない天然資源でより大きな豊かさを
得ること，②国内で使用する資源全体のうち
循環利用量（**2**(2)で述べる再使用・再生利用の量）
の割合を増やすこと，③使用せずに埋め立て
る廃棄物の量をできるかぎり少なくすること，
を目指している。2000年度と2015年度を比較

すると，①②③のいずれについても改善の傾
向にあり，今後も着実な進展が望まれる。

2 循環型社会への転換

(1) リサイクル法制の沿革

　リサイクル法制は，なぜ必要なのか。事業者
は，市場原理の下で，リサイクルの責任を負わ
なければ，わざわざ高いコストをかけて廃棄物
のリサイクルをしないし，リサイクルを視野に
入れた製品設計も行わない。循環資源よりも天
然資源の方が安ければ，天然資源を使用する。
従来の日本でも，こうした事情を背景として，
廃棄物の減量や資源の有効利用がなかなか進ま
ず，①最終処分場の残余容量の減少，②一般
廃棄物の処分費用の上昇，③焼却施設からの
ダイオキシンの排出といった問題が生じていた。
そこで1990年代前半以降，大量生産・消費・
廃棄型社会から循環型社会への転換を図るため

9-1 日本における物質フロー

2000年度（参考）	2015年度

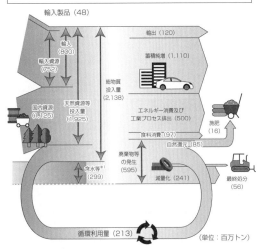
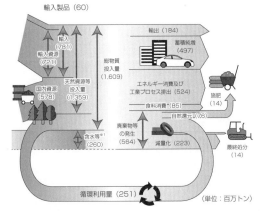

（単位：百万トン）

※1：含水等：廃棄物等の含水等（汚泥，家畜ふん尿，し尿，廃酸，廃アルカリ）及び経済活動に伴う土砂等の随伴投入（鉱業，建設業，上水道業の汚泥及び鉱業の鉱さい）。
上記の図のうち，①天然資源等投入量が「入口」，②循環利用量が「循環」，③最終処分が「出口」に関わる部分である。
2000年度と2015年度を比較すると，①が細く，②が太く，③が細くなっていることがわかる。

（出典：『平成30年版　環境白書・循環型社会白書・生物多様性白書』）

に，様々なリサイクル法が整備されてきた。

1991 年に，「再生資源の利用の促進に関する法律」（再生資源利用促進法）が制定されたのを皮切りに，1995 年以降，リサイクル法が相次いで成立した（⇨**Chapter 8** ❶）。2000 年には，循環型社会形成推進基本法が制定され，再生資源利用促進法は「資源の有効な利用の促進に関する法律」（資源有効利用促進法）に改正された。「容器包装に係る分別収集及び再商品化の促進等に関する法律」（容器包装リサイクル法。1995年）や特定家庭用機器再商品化法（家電リサイクル法。1998 年）は，一般廃棄物（⇨**Chapter 8**）として処理されてきた物品のリサイクル責任を製造事業者等に負わせることにより，環境適合設計や廃棄物減量を促進しようとするものである。その他にも，「食品循環資源の再生利用等の促進に関する法律」（食品リサイクル法。2000年），「使用済自動車の再資源化等に関する法律」（自動車リサイクル法。2002 年），「使用済小型電子機器等の再資源化の促進に関する法律」（小型家電リサイクル法。2012 年）などが制定された。本章では，こうした個別リサイクル法の仕組みを簡単に紹介する。

（2）　取組みの優先順位

循環型社会形成推進基本法は，取組みの優先順位を，①**発生抑制**，②**再使用**，③**再生利用**，④**熱回収**，⑤**適正処分**と規定する ➒-➋。技術的・経済的に可能な範囲で，できる限り上位のものを行うこととされる（5条〜8条）。よく耳にする「3R（スリー・アール）」は，Reduce（① 発生抑制），Reuse（② 再使用），Recycle（③再生利用）の頭文字をとったものである。

各取組みの内容は，次のとおりである。①発生抑制は，生産・消費・使用の各段階で，廃棄物の発生自体を抑制することをいう。身近な例として，レジ袋の削減やマイバックの持参がある。②再使用は，使用済みの製品・部品・容器などを廃棄しないで回収し，そのまま，または修理して再び使用することである。その例として，古着やリターナブル・ビン（洗浄して繰り返し使うビン）が挙げられる。③再生利用は，廃棄された製品や製造過程の副産物などを回収し，原材料として再利用することである。たとえば，スチール缶を原料とする建設資材や，ペットボトルを原料とした衣類がある。なお，再生利用をできないとしても，④熱回収ができる場合もある。熱回収とは，廃棄物の焼却時に生じる熱エネルギーを回収・利用することを

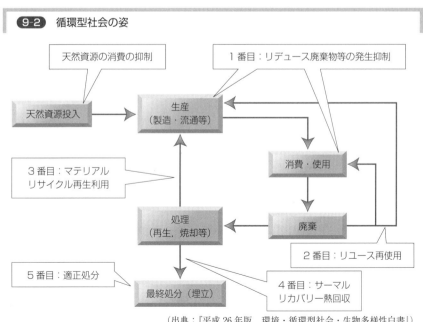

➒-➋　循環型社会の姿

（出典：『平成 26 年版　環境・循環型社会・生物多様性白書』）

いう。廃棄物の焼却施設は，大量の熱を発生させるため，その熱を発電や冷暖房に利用することができる。

(3) プラスチック資源循環戦略

2019年5月31日，政府は，**プラスチック資源循環戦略**を策定・公表した。廃プラスチック有効利用率の低さや海洋プラスチック等による環境汚染が，世界的な課題と化しており，また，1人あたりの容器包装廃棄量が世界2位の日本も，アジア各国での輸入規制等に直面し，その対応が急務となっているためである。

同戦略は，循環型社会形成推進基本法の基本原則を踏まえつつ，「3R＋Renewable（持続可能な資源）」を掲げた。具体的には，「①ワンウェイの容器包装・製品をはじめ，回避可能なプラスチックの使用を合理化し，無駄に使われる資源を徹底的に減らすとともに，②より持続可能性が高まることを前提に，プラスチック製容器包装・製品の原料を再生材や再生可能資源（紙，バイオマスプラスチック等）に適切に切り替えたうえで，③できる限り長期間，プラスチック製品を使用しつつ，④使用後は，効果的・効率的なリサイクルシステムを通じて，持続可能な形で，徹底的に分別回収し，循環利用（リサイクルによる再生利用，それが技術的経済的な観点等から難しい場合には熱回収によるエネルギー利用を含め）を図」るとする。さ

9-3 マイルストーン

リデュース	① 2030年までにワンウェイプラスチックを累積25%排出抑制すること。
リユース・リサイクル	② 2025年までにリユース・リサイクル可能なデザインにすること。 ③ 2030年までに容器包装の6割をリユース・リサイクルすること。 ④ 2035年までに使用済プラスチックを100%リユース・リサイクル等により，有効利用すること。
再生利用・バイオマスプラスチック	⑤ 2030年までに再生利用を倍増すること。 ⑥ 2030年までにバイオマスプラスチックを約200万トン導入すること。 ＊バイオマスプラスチックとは，「原料として植物などの再生可能な有機資源を使用するプラスチック素材」をいう。

9-4 指定法人ルートによるリサイクルの流れ（例：プラスチック製容器包装）

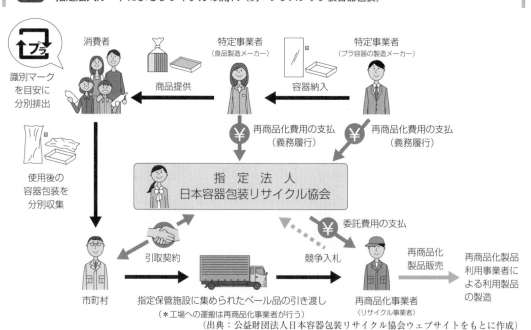

（出典：公益財団法人日本容器包装リサイクル協会ウェブサイトをもとに作成）

らに同戦略の展開にあたり，次の「マイルストーン」を目指すべき方向性として示した **9-3**。

3 容器包装リサイクル法

容器包装廃棄物は，家庭から排出される一般廃棄物のうち，容積で約6割，重量で約2〜3割を占めてきた。1995年に制定された容器包装リサイクル法の目的は，飲料缶・ペットボトル・包装紙などの排出抑制・分別収集・再商品化を促進することにより，一般廃棄物の減量と再生資源の利用を図ることである（1条）。

容器包装リサイクル法上，①消費者は，市町村のルールに従い分別排出する責任，②市町村は，容器包装廃棄物を分別収集し分別基準適合物として保管する責任，③対象事業者は，市町村が分別収集した容器包装廃棄物を自らまたは他者（指定法人やリサイクル事業者）に委託して再商品化する義務を負う **9-4**。③は，「拡大生産者責任」の具体化といわれる。再商品化義務に係るポイントは，次のとおりである。

・容器包装（2条1項）：商品の容器・包装であって，当該商品の費消や当該商品からの分離で不要になるものをいう。ガラスびん・ペットボトル・紙製容器包装・プラスチック製容

器包装が，再商品化義務の対象となる。分別収集の段階で有価（原料などとして取引価値を持つこと）となり，義務づけなくともリサイクルされる物は，再商品化義務の対象外である **9-5**。

・対象事業者（2条11項〜13項）：①特定容器利用事業者（食品メーカーなど），②特定容器製造等事業者（容器・包材メーカー），③特定包装利用事業者（スーパーのような小売業者など）である。①②は製造業者，③は流通業者である。特定包装製造等事業者（原材料メーカー）は，その特定が困難だという理由で，対象事業者に含まれていない

・再商品化義務（11条〜13条）：「特定容器」に関し，特定容器利用事業者と特定容器製造等事業者は，容器包装の区分ごとに分別基準適合物について，使用量や製造量に応じ，再商品化義務量の再商品化をしなければならない。まず再商品化義務総量を算出し，容器包装廃棄物の排出量に応じて，業種（食料品製造業・小売業など）ごとに分け，そのうえで，排出見込量により個別事業者の負担分が算定される。「特定包装」に関しても，特定包装利用事業者は，特定包装の利用量に応じて同

9-5 容器包装リサイクル法が対象としている容器包装

再商品化義務のある容器包装

※識別マークなし
ガラスびん

ペットボトル

PET

紙製容器包装

プラスチック製
容器包装

再商品化義務のない容器包装

アルミ缶

スチール缶

紙パック

段ボール

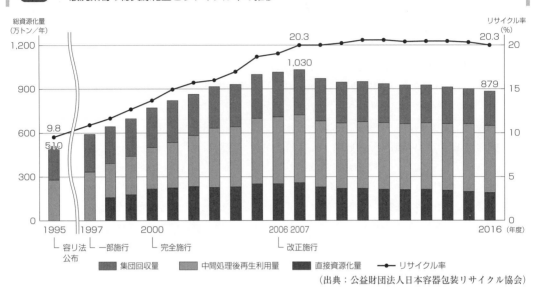

9-6 一般廃棄物の総資源化量とリサイクル率の推移

総資源化量
（万トン／年）

リサイクル率
（%）

9.8 / 510 / 20.3 / 1,030 / 20.3 / 879

1995（容リ法公布） 1997（一部施行） 2000（完全施行） 2006 2007（改正施行） 2016（年度）

集団回収量　中間処理後再生利用量　直接資源化量　リサイクル率

（出典：公益財団法人日本容器包装リサイクル協会）

様の義務を負う。

・**再商品化義務の履行方法**（14条〜15条）：①指定法人ルートと②独自ルートがあり，①が一般的である。①特定事業者は，自らの再商品化義務量に係る再商品化について，指定法人（日本容器包装リサイクル協会）と再商品化契約を締結し委託料金を支払えば，義務を履行したものと認められる。これに対し，②大臣の認定を受けた特定事業者が，自らまたは指定法人以外の第三者に委託して再商品化する方法もある。この他，特定事業者は，リターナブル・ビンの回収など，そもそも市町村の回収を経ずに，大臣の認定を受けた方法で自ら回収する方法もある（自主回収ルート。18条）。

容器包装リサイクル法の施行後，ペットボトルやプラスチック製容器包装の収集量は増加した。一般廃棄物のリサイクル率は，同法の施行後10年で9%程度増加した。2007年度には20.3%に上昇し，その後はほぼ横ばいである **9-6**。今後も，排出抑制・再利用の一層の促進，最終処分場のひっ迫への対応，収集量の拡大，再商品化事業者の生産性向上，再生材の需要拡大などが求められる。先に示したプラスチック資源循環戦略（⇨(3)）は，今後の取組みの

1つとして，「レジ袋の有料化義務化（無料配布禁止等）」を明記している。

なお，容器包装リサイクル法は，2006年に改正されている。第1に，事業者が再商品化にかける費用が約380億円なのに対し，自治体が分別収集にかける費用が3000億円以上と差が大きいことが問題になった。そこで，一定の場合には，事業者が市町村に資金を払う仕組みが設けられた。第2に，収集量がリサイクル可能量を上回るやむを得ない場合の補完的な方法として，熱回収（⇨(2)）を認めることとなった。第3に，小売業者に対する発生抑制の仕組みも強化された。レジ袋等の容器包装を多用する小売業者（特定包装利用事業者）に対し，主務大臣所定の「判断の基準となるべき事項」を踏まえた行動が要求される。指導・助言，定期報告義務，著しく取組みが不十分な多量利用事業者に対する勧告・公表・命令制度が設けられている（7条の4〜7条の7）。

4 家電リサイクル法

従来は，消費者が出した**廃家電**は，小売業者（家電小売店）・市町村によって引き取られたのち，その大部分が産業廃棄物・一般廃棄物として埋立処分されていた。しかし，廃家電を一般

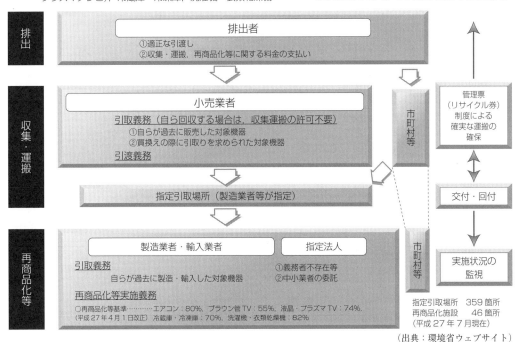

9-7 家電リサイクル法の仕組み

対象機器：エアコン，テレビ（ブラウン管テレビ，液晶テレビ（※）・
　　　　　プラズマテレビ），冷蔵庫・冷凍庫，洗濯機・衣類乾燥機　　　　（※）携帯テレビ，カーテレビ及び浴室テレビ等を除く。

排出

排出者
①適正な引渡し
②収集・運搬，再商品化等に関する料金の支払い

収集・運搬

小売業者
引取義務（自ら回収する場合は，収集運搬の許可不要）
　①自らが過去に販売した対象機器
　②買換えの際に引取りを求められた対象機器
引渡義務

指定引取場所（製造業者等が指定）

再商品化等

製造業者・輸入業者
引取義務
　自らが過去に製造・輸入した対象機器
再商品化等実施義務
○再商品化等基準………エアコン：80％，ブラウン管TV：55％，液晶・プラズマTV：74％，
（平成27年4月1日改正）冷蔵庫・冷凍庫：70％，洗濯機・衣類乾燥機：82％

指定法人
①義務者不存在等
②中小業者の委託

市町村等

管理票
（リサイクル券）
制度による
確実な運搬の
確保

交付・回付

実施状況の
監視

市町村等

指定引取場所　359箇所
再商品化施設　46箇所
（平成27年7月現在）

（出典：環境省ウェブサイト）

廃棄物として処理し，市町村が処理費用を税金でまかなう限り，その処理費用を負担しない製造業者（家電メーカー）には，製品設計段階でリサイクルに配慮した設計をしようというインセンティブ（動機付け）が働きにくい。この問題に対処するため，1998年に家電リサイクル法が制定された。同法の制定により，消費者が出した廃家電については，小売業者・市町村が引き取り，製造業者等がリサイクルの実施義務（再商品化等実施義務）を負うこととなった **9-7**。この点で，同法も，拡大生産者責任の理念を反映するものといえる。

製造業者等は，引き取った対象機器について，再商品化等基準に従い，対象機器の再商品化等を実施する（18条1項）。たとえば，同基準は，エアコンのリサイクル率について，総重量に占める重量80％以上とする。再商品化等に関する基本方針として，製造業者等は，①「再商品化」を進め，②再商品化が技術的に困難な場合や環境負荷の程度等の観点から適切でない場

合に，生活環境の保全上支障が生じないよう万全を期しつつ，「熱回収」をすることとされる。

家電リサイクル制度の特徴は，いくつかある。第1に，原則として，対象機器引取り・再商品化の責任を小売業者と製造業者の責任としている。製品の引取りを含めて事業者に義務を負わせる点は，容器包装リサイクル制度と大きく異なる。第2に，費用負担に関し，廃家電を排出する消費者から費用を徴収する方法をとっている。たとえば，冷蔵庫を買い替える消費者は，小売業者（家電販売店）に古い冷蔵庫を引き取ってもらう際に，5000円程度のリサイクル料金（メーカーごとに異なる）と収集運搬料金（家電販売店ごとに異なる）を支払い，家電リサイクル券を受け取る。第3に，対象品目を4品目（エアコン，テレビ，冷蔵庫・冷凍庫，洗濯機・衣類乾燥機）に限定している。この対象品目は，①市町村等による再商品化等が困難であると認められるもの，②その再商品化等が資源の有効利用上特に必要なもので，経済性の面にお

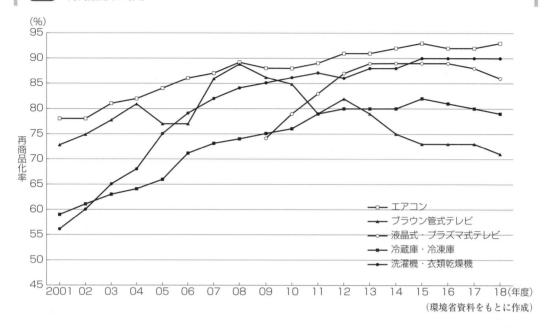

9-8 再商品化率の推移

```
(%)
95
90
85
再
商
品
化
率
80
75
70
65
60
55
50
45
   2001 02 03 04 05 06 07 08 09 10 11 12 13 14 15 16 17 18(年度)
```

凡例:
- ─□─ エアコン
- ─▲─ ブラウン管式テレビ
- ─○─ 液晶式・プラズマ式テレビ
- ─■─ 冷蔵庫・冷凍庫
- ─●─ 洗濯機・衣類乾燥機

（環境省資料をもとに作成）

Column

家電リサイクルと不正回収業者

　家庭から出る廃家電や粗大ごみを回収するためには，市町村の一般廃棄物処理業許可（または委託）が必要である。しかし実際には，無許可業者（産業廃棄物処理業や古物商の許可しか持たない者も含む）が回収を行い，不法投棄・不適正処理・不適正管理による火災を引き起こす事例が報告されている。そこで環境省は，無許可回収業者を利用しないように，様々な形で情報発信をしている。また，新聞が無許可回収業者の逮捕を報じることもあるので，そうした記事を見かけたら，ぜひ読んでみよう。

【参照】

　環境省「～あなたの安易な行動が環境汚染につながっています～いらなくなった家電製品は正しくリユース・リサイクル！」(https://www.env.go.jp/recycle/kaden/tv-recycle.html)，産経ニュース「軽トラにスピーカー　無許可廃品回収容疑の業者摘発　警視庁2017年5月26日」(https://www.sankei.com/affairs/news/170526/afr1705260034-n1.html)（いずれも2019年8月23日閲覧）。

ける制約が著しくないと認められるもの，③設計・部品・原材料の選択が再商品化等の実施に重要な影響を及ぼすと認められるもの，かつ，④当該機械器具の小売販売を業として行う者による円滑な収集を確保できると認められるもの，という法定の考慮事項に基づいて決定された。

　家電リサイクル法の施行状況についてみると，いずれの品目についても，法定基準を上回る再商品化率が達成されている **9-8** 。2018年度の再商品化率は，エアコン93％（法定基準80％），ブラウン管式テレビ71％（同55％），液晶・プラズマ式テレビ86％（同74％），冷蔵庫・冷凍庫79％（同70％），洗濯機・衣類乾燥機90％（同82％）であった。

5 小型家電リサイクル法

　家電のリサイクルに関わる法制度は，家電リサイクル法だけではない。日本では，資源制約（新興国の需要増大に伴う資源価格高騰，資源供給の偏在性と寡占性）と環境制約（最終処分場のひっ迫，適正な環境管理）が深刻さを増す一方で，使用済小型電子機器等に含まれる貴重な資源（アルミ・貴金属・レアメタルなど）が，有効利用されずに埋め立てられてきた **C-17** 。そこで，こうした現状を改善するため，2012年に小型家電リサイクル法が制定された。

　小型家電リサイクル法は，市町村等が回収した使用済小型電子機器等について，これを引き取り確実に適正なリサイクルを行うことを約束した「認定事業者」（再資源化事業計画を国が認定

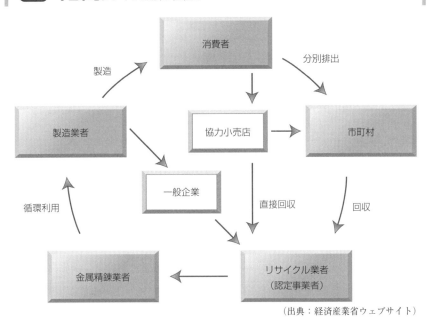

9-9 小型家電リサイクル法の仕組み

消費者

製造 →

分別排出 →

製造業者

協力小売店 → 市町村

一般企業

循環利用 ↑

直接回収

回収

金属精錬業者 ← リサイクル業者（認定事業者）

（出典：経済産業省ウェブサイト）

9-10 小型家電リサイクル法の対象品目

デジタルカメラ	ビデオカメラ	ゲーム機	HDDレコーダー	電話機・FAX	携帯音楽プレーヤー（CD・MD・MP3等）
ICレコーダー	電子書籍端末	カーナビ（カー用品）	USBメモリ ハードディスク	補聴器	電卓・電子辞書
ヘアーアイロン	ヘアードライヤー	電動歯ブラシ	電気カミソリ 電気バリカン	電子血圧計 電子体温計	ラジオ
ヘッドホン・イヤホン	時計	懐中電灯	電子付属品（ACアダプタ・コード類・充電器・リモコン等）		

した事業者。10条，11条）に対し，廃棄物処理法の特例措置を講じる仕組みを設けている **9-9**。つまり，認定事業者が使用済小型電子機器等の再資源化に必要な行為を行うときは，市町村長等による廃棄物処理業の許可が不要となる（13条）。こうした措置を講じたのは，小型家電の広域的・効率的な回収・リサイクルを

可能とするためである。

　家電リサイクル制度と比較し，小型家電リサイクル制度の特徴を述べよう。第1に，対象品目（4品目）の少ない家電リサイクル制度と異なり，対象品目（28品目）が多い。ただし，市町村ごとに回収品目は異なる **9-10**。第2に，小売業者が回収し，製造業者が再商品化等をす

る家電リサイクル制度と異なり，市町村が回収し，認定事業者が再資源化を行う。第3に，対象品目に応じて消費者が収集運搬・再商品化に関する費用を負担する家電リサイクル制度と異なり，消費者の費用負担については，市町村ごとに異なる。こうした違いから，製造業者にリサイクルを義務づける家電リサイクル制度が，「義務型」の制度と呼ばれるのに対し，小型家電リサイクル制度は，「促進型」の制度といわれる。

6 自動車リサイクル法

　従来，使用済み自動車については，重量の約8割がリサイクルされ，約2割が産業廃棄物の「自動車シュレッダーダスト（ASR：Automobile Shredder Residue）」として埋め立てられてきた。ASRは，プラスチック・ゴム・繊維類を主成分とし，環境汚染の原因となる重金属や有機溶剤を含む。1990年代後半以降，産業廃棄物最終処分場のひっ迫により，ASR減量化の必要性が高まった。また，最終処分費用の増大・鉄屑価格の低下を原因として使用済み自動車のリサイクルが停滞し，不法投棄のおそれが増大した。

　そこで，2002年に制定されたのが，自動車リサイクル法である。自動車リサイクル法上，①自動車製造業者等，②引取業者，③フロン類回収業者，④解体業者・破砕業者，⑤自動車所有者がそれぞれ義務を負っている。同法も，拡大生産者責任の理念の下で，①自動車製造業者等に，使用済み自動車に関するリサイクルを義務づけている。その骨子は，**9-11**のとおりである。

　自動車リサイクル制度は，どういった効果をもたらしたのか。2008年の実績では，使用済自動車台数約358万台が法に沿って処理され，フロン272万台分，エアバッグ類128万台分，ASR353万台分が自動車製造業者等に引き渡された。再資源化率は，ASR 72.4～80.5%（目標値50%），エアバッグ類94.1～94.9%（目標値85%）であった。不法投棄・不適正保管の車両は，施行前22万台（2004年9月）から1.5万台（2009

年3月）まで減少している。他方で，①引取り・リサイクルの対象が3品目に限定されていること（廃車すべてではない），②費用支払いがユーザー支払い（排出者支払い）となっている（無償引取りでない）ことなど，いくつかの課題も指摘されている。

7 食品リサイクル法

　食品廃棄物のリサイクルも，重要な課題である。①製造段階の動植物性残渣（産業廃棄物），②流通段階の売れ残り（一般廃棄物），③消費段階の食べ残し（一般廃棄物）について，リサイクル率の低さ（とくに売れ残り，食べ残し）が問題となってきた。そこで，食品廃棄物の発生抑制や肥料・飼料への再生利用などを進めるため，2000年に食品リサイクル法が制定された。

　食品リサイクル法は，「食品関連事業者」による「食品循環資源」（食品廃棄物等のうち有用なもの）の再生利用を促進する（1条，2条）。食品関連事業者は，食品の製造・加工・卸売・小売業者（食品メーカー・八百屋・スーパーなど）に加え，飲食店業者等（食堂・ホテル・結婚式場など）である。同法は，「再生利用等」として，①発生抑制，②再生利用，③熱回収，④減量に取り組むことを定める**9-12**。「食品循環資源」は，②や③を行う。食品廃棄物等は，水分を多く含み，腐敗しやすいため，②や③ができないときに，④減量（脱水・乾燥・発酵・炭化）を行い，廃棄物処分をしやすくする。なお，再使用は，物の性質上難しい。

　再生利用実施を促進するための措置として，①再生利用事業者の登録制度，②再生利用事業計画の認定制度がある。①は，委託による再生利用を促進するため，食品循環資源の肥飼料化等を行う事業者につき，登録制度を設けたものであり（11条～18条），登録されると，一般廃棄物収集運搬業者による登録事業場への運搬に関し，運搬先の許可（荷卸し許可）が不要となる（21条）。これにより，運搬先について広域的な対応が可能になる。肥料取締法・飼料安全法上の届出も不要となる（22条，23条）。②は，食品関連事業者・肥飼料化等を行うリ

9-11 自動車リサイクル法の仕組み

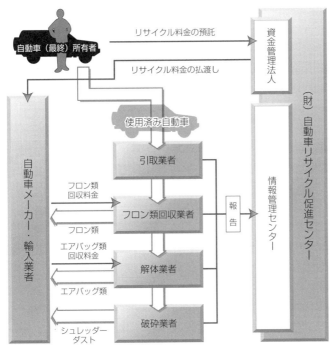

(出典：国土交通省ウェブサイト)

- **自動車製造業者等**（自動車メーカー・輸入業者）：自らが製造・輸入した自動車が使用済みとなった場合，その自動車から発生する「フロン類」「エアバッグ」「ASR」を引き取り，リサイクルとフロン類の破壊を適正に行う（25条，26条）。ASR等のリサイクル率に関する基準は，省令で定められる（25条2項，施行規則26条）。
- **引取業者**（自動車販売・整備業者等）：知事の登録を受け（42条），自動車所有者から使用済自動車を引き取り，フロン等回収業者または解体業者に引き渡す（9条，10条）。
- **フロン等回収業者**：知事の登録を受け（53条），フロン等を適正に回収し，自動車製造業者等に引き渡す（11条～13条）。自動車製造業者等にフロン類の回収費用を請求できる。
- **解体業者・破砕業者**：知事の許可を受け（60条，67条），使用済自動車のリサイクルを適正に行い，エアバッグ・ASRを自動車製造業者等に引き渡す。自動車製造業者等に回収費用を請求できる。リサイクルについて基準を省令で定め（16条，18条，施行規則9条，16条），タイヤ・バッテリー等を回収し（施行規則9条2号），リサイクルする者に引き渡す。
- **自動車所有者**：使用済自動車を引取業者に引き渡す（8条）。また，「再資源化預託金」（リサイクル料金）を負担する。家電リサイクル法（排出時）と異なり，原則として，新車販売時に払うこととされた。なお，リサイクル料金は，あらかじめ各自動車製造業者等が自動車ごと・3品目ごとに定め，公表する。これにより，自動車製造業者間で競争が働き，自動車の環境配慮設計促進・リサイクル料金低減につながると期待される。

9-12 食品リサイクル法の仕組み

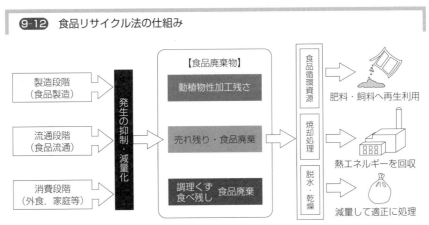

※食品リサイクル法では，食品廃棄物等のうち飼料，肥料等に再生利用されるものを食品循環資源と呼びます。

(出典：テムズ中日株式会社ウェブサイト)

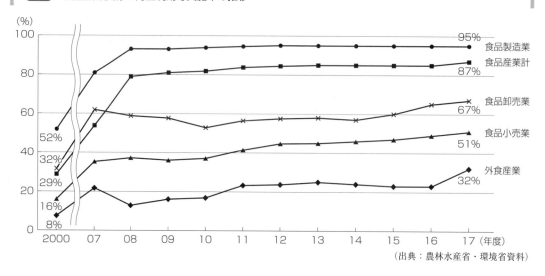

9-13 食品循環資源の再生利用等実施率の推移

(出典：農林水産省・環境省資料)

サイクル業者・農林漁業者等の利用者が共同して再生利用事業計画を作成し，認定を受ける制度を設けたものであり（19条，20条），この認定を受けた場合も，廃棄物処理法・肥料取締法・飼料安全法の特例が認められる。これらは，いずれも食品リサイクルの取組みを円滑化することを目的としている。

食品リサイクル法の制定後，再生利用等実施率は向上している。しかし，食品流通の川下ほど，廃棄物の発生が少量分散型になるなど再生利用がしづらくなるため，取組みが遅れがちである **9-13**。こうした食品小売業・外食産業の取組みの遅れに対処するため，2007年に法改正が行われた。その主な内容は，①食品関連事業者に対する指導監督強化（食品廃棄物等多量発生事業者の定期報告義務化）と，②再生利用等の取組みの円滑化（廃棄物処理業許可の不要化，熱回収の許容）である。

参考文献
- 細田衛士『資源の循環利用とはなにか──バッズをグッズに変える新しい経済システム』（岩波書店，2015年）
- 枝廣淳子『プラスチック汚染とは何か』（岩波書店，2019年）
- 石渡正佳『産廃Ｇメンが見た食品廃棄の裏側』（日経BP社，2016年）

Chapter 10

生物多様性と持続可能性
——自然保護の法制度

1 自然の保護，その目的・理念

(1) 自然——生物多様性

　自然保護というとき，それは何のために何を保護することだろうか。美しい自然の景色を見てこれを守りたいと思う人もいるだろうし，ある種の生物が絶滅しそうだと聞いて，絶滅するのは忍びないから絶滅しないようにしたいと思う人もいるだろう。あるいは，山菜採りやキノコ狩りに行く楽しみのために山を守りたいとか，海の自然が悪化して潮干狩りができなくなったり魚が採れなくなったりすると困るから海を守りたいといった具合に，極めて実利的な思惑から自然保護を志向する人もいるだろう。

　自然保護に関する法令の基本法である生物多様性基本法は，**生物多様性の恵沢を将来にわたって享受できる社会の実現**をその目的として掲げている（1条）。生物多様性の恵沢を将来にわたって享受できるようにするために生物多様性を保全することが，日本の自然保護法制の基本的な立場だ，ということができる。では，生物多様性とは何で，その恵沢とはどんなものだろうか。

　生物多様性は，生物多様性基本法では，①「様々な生態系が存在すること」（生態系の多様性），②「生物の種間に様々な差異が存在すること」（種の多様性），③「生物の種内に様々な差異が存在すること」（遺伝子の多様性）と定義されている（2条1項）**10-1**。森林や草原，サンゴ礁，河川域など，ある一定のまとまりをもった自然環境の中で様々な生物が相互に一定の関わりをもちながら棲息・生育している。これが生態系である。そして，いろいろな生態系（森林生態系，草原生態系，サンゴ礁生態系，河川生態系等）があること，というのが①の意味である。ある地域の森林が伐採され尽くしたり，一定の海域が埋め立てられたりしたら，①の意味での生物多様性は損なわれる。いろいろな生物種が存在するというのが②の意味で，ある生物種が絶滅したら，②の意味での生物多様性は損なわれる。③は，同じ生物種の中でもいろいろな個体や個体群が存在するということである。同じ生物種でも，地域によって個体群に差があることがあるが，これは後の進化につながるのかもしれない。そして，人間も人により個性があるように，同じ地域の同じ生物でも，

10-1 生物多様性のイメージ

生態系の多様性	種の多様性	遺伝子の多様性
山や川，海，まち 多様な自然環境があります	動物や植物，昆虫など 多様ないきものがいます	色や形，模様など 多様な個性があります

10-2 生態系サービスのイメージ

供給サービス　　　　文化的サービス

調整サービス　　　　基盤サービス

個体間にいろいろな違いがある C-18 。これら①～③がすべて生物多様性である。

　生物多様性の恵沢に関しては，近年「生態系サービス」という言い方がされるようになっている。表現の仕方はともかく，自然・生物多様性は人間にいろいろな恵みをもたらしている。山菜採りのように，食糧や資源を供給するというのがまず思いつく（供給サービス）。美しい自然の景観を楽しむというのも生態系サービスである（文化的サービス）。この他にも，空気や水をきれいにしたり（調整サービス），植物が酸素を作り出してくれたり（基盤サービス）といった恵沢を自然はもたらしてくれる 10-2 。

(2) 保　護

　生物多様性をそのサービス機能を維持するために保護するのが自然保護だとして，「保護」とは何をすることだろうか。自然保護のためにどんなことが要請されるだろうか。まずは，森林伐採 C-19 や海の埋立てなど，自然を破壊する行為をやめさせることが思いつくかもしれない。森林伐採や海の埋立ては，自然を積極的に破壊する行為なので，その不作為を求めることは，もちろん自然保護に役立つ。

　しかし，自然に負の影響を与える行為を控えさせることだけが自然保護ではない。自然によいことをする（作為）のもまた自然保護のための活動である。人が自然に働きかけ，自然の一定の状態を保つことにより，棲息環境が維持される生物もある。たとえば，人が田んぼに水を張り，稲を植えることにより，棲息環境が維持される生物もいる。メダカやある種のカエル，それを餌とする肉食の昆虫（タガメ等）や鳥類，爬虫類，哺乳類もいる。これらの生物の棲息環境を保全するためには，人の作為という積極的な活動が欠かせない。田んぼの耕作が放棄されることにより，生息地を失った生物は多い。田んぼの耕作のような人の積極的な活動が，自然保護のために必要な場合があるということである。外来生物を積極的に駆除するといった活動も，これと同類であろう。

　ここまでは，不作為・作為といっても，自然の現状を維持するために要請される人の活動である。これに対して，自然の現状をよりよくするために必要な人の活動もある。これも自然保護のための活動である。植林をしたり，数が少なくなっている生物を繁殖させたり，エサ台や巣箱を設置したり，といった活動がこれにあたる。自然保護のために必要な人の活動にも，不作為と作為，現状維持のための活動と現状改善のための活動，というようにいろいろあるのである。

　ただ，一般に，自然を害する行為を控えさせるには——罰則等の威嚇を背景にして——これを禁止するだけで済むが，自然を保全するための人の積極的な作為は，通常，「田んぼに水を張れ」とか「稲を植えよ」などと命令することはできないので，基本的に規制・義務付けという手法になじまず，経済的（ディス）インセン

10-3 カスミ網

視認性の低い，違法な張り網。希少な鳥類も含めて無差別に捕獲してしまう。　（写真：全国野鳥密猟対策連絡会）

10-4 鳥獣保護区

国指定鳥獣保護区の北海道・涛沸湖に飛来したオオハクチョウの群れ。　（写真：アフロ）

ティブの付与（自然によいことをしたら税率を下げ逆の場合には税率を上げるといった具合に）等別の手法が必要となる。

以下では，生物多様性の意味，「保護」の意味に留意しながら，日本の自然保護法制の展開を辿ってみることにしたい。

2 自然保護法の始まりと展開

(1) 鳥獣保護・国立公園

生物多様性の保全は，今でこそ大事なことだと考えられているが，かつては，日本の自然保護に関する法律は，自然の風景の保全と鳥獣保護のためのものしかなかった。鳥獣保護の思想は明治時代の狩猟法に既に登場していたが，これが幾度かの改正を経て「鳥獣の保護及び管理並びに狩猟の適正化に関する法律」（鳥獣保護管理法）となっている。この法律は，——狩猟法の頃も含めて——鳥獣保護のための仕組みを次第に充実させていった。たとえば，狩猟禁止鳥獣の指定制から狩猟対象鳥獣の指定制に変更したり，カスミ網**10-3**等狩猟方法の規制を拡充したり，鳥獣保護区**10-4**の制度が設けられたりしてきた。しかし，いかんせん，保護の対象となるのは鳥獣，つまり鳥類と哺乳類だけである。これでは生物多様性の保全を実現するには程遠い。

一方，自然の風景を保護する法律は，1931年に国立公園法として誕生した。日本を代表す

るような優れた自然の大風景地を国立公園**C-20**として保護し，観光客を呼び込むために作られた法律であった。この法律は，1957年に廃止され，代わって自然公園法が制定される。新たな自然公園法では，国立公園に準ずる国定公園等制度の拡充が図られたが，自然の風景を保護するだけという点では国立公園法と変わらない。これでは，やはり生物多様性の保全には程遠い。

さらに，「保護」とは何をすることかということと関わって，これらの法律は，鳥獣や自然の風景を害する行為を規制するというにすぎず，積極的に自然によい活動をすることを促すという発想を基本的にもっていなかった。この点にも，法制度としての問題を見出すことができる。

(2) 自然環境保全法の制定

しかし，日本の自然保護法は，次第に生物多様性の保全のための制度へと発展していくようになる。まず，風景（だけ）ではなく自然環境それ自体を保護するための法律として，1972年に自然環境保全法が制定される。高度成長期における国土開発の大規模化・広域化が進み，新たな自然保護法制の整備の必要性が認識されたことが，その背景にある。この当時は，生物多様性という言葉はまだなかったが，生物多様性保全へと一歩近づいたことになる。ちなみに，自然公園法と自然環境保全法は，一定の地域を指定して（前者は国立公園や国定公園等，後者は自

然環境保全地域等。これらはさらに特別地域と普通地域，特別地区と普通地区等に細分化される），当該地域内での行為を規制するという共通の構造を有している。たとえば，国立公園内の**特別地域**や自然環境保全地域内の**特別地区**では，工作物の設置や木竹の伐採，土石採取等の様々な行為が許可制の下に置かれている。

　自然環境保全法が制定されたとはいえ，現実には，自然公園のごく一部が自然環境保全地域（当該区域の自然環境を保全することが特に必要なものとして指定された区域）等に指定替えされたにとどまり，自然環境それ自体の保護が大きく進んだわけではない。また，自然保護法制の整備は，その後しばらく停滞する。「保護」とは何をすることかという前述の問題との関係でも，課題が残されたままであった。

(3) 生物多様性の保全を見据えた法制度の整備の展開 1──種の保存法

　1992 年に開催されたいわゆる地球環境サミットにおいて，温暖化へ対処するための気候変動枠組条約のほか，**生物多様性条約**が締結されている。この頃から，日本の自然保護法制は，少しずつ，生物多様性保全のための法制へと意識的な転換が図られるようになった。

　さて，前述したが，生物多様性の要素の 1 つに様々な生物種が存在すること（**1**(1)の②種の多様性）があった。種の多様性の保全に寄与する法律として，「**絶滅のおそれのある野生動植物の種の保存に関する法律**」（種の保存法）が，1992 年に制定されている。長い停滞の時期に

変動が生じたのである。この法律は，絶滅のおそれのある野生動植物の種の保全を目的とし，絶滅のおそれがあるとして指定された動植物種の捕獲・採取，取引等を規制している。また，その生息地等を保護区として指定し保護する仕組みも設けている。ただ，絶滅のおそれがあるものとして指定されない限り，この法律の保護の対象にならない。環境省が絶滅危惧種として策定しているレッドリストがあるが，実は，これに登載されている生物種のうちごくわずかしか指定されていない**10-5**。さらに，生物多様性との関係で言えば，生態系それ自体の保護にはほとんど役立っていないうえ，「種の保存」が目的なので**1**(1)の「③種内の多様性」はこの法律の保護対象外である。極端な言いかたをすれば，日本のどこかで保全されていれば，その他の地域では絶滅しようとも，この法律の関心から外れるのである。この法律の制定により，日本の自然保護法制は生物多様性保全に近づいたがまだまだ遠い，ということになる。

　また，「保護」の仕方が規制に偏っていると

特別天然記念物（哺乳類）は，アマミノクロウサギ，イリオモテヤマネコ，カモシカ，カワウソの 4 種。写真は野生のニホンカモシカ。　　　（写真：Kei hashi）

絶滅危惧IA類（CR）12種	絶滅危惧IB類（EN）12種
センカクモグラ	オリイジネズミ
ダイトウオオコウモリ	エチゴモグラ
エラブオオコウモリ	オガサワラオオコウモリ
クロアカコウモリ	オリイコキクガシラコウモリ
ヤンバルホオヒゲコウモリ	オキナワコキクガシラコウモリ
セスジネズミ	リュウキュウテングコウモリ
オキナワトゲネズミ	コヤマコウモリ
ツシマヤマネコ	リュウキュウユビナガコウモリ
イリオモテヤマネコ	ケナガネズミ
ラッコ	アマミトゲネズミ
ニホンアシカ	トクノシマトゲネズミ
ジュゴン	アマミノクロウサギ

網掛けが「国内希少野生動植物種」として指定された種。絶滅危惧
24種中12種のみ指定。　　　　　（環境省資料をもとに作成）

アマミノクロウサギ
（写真：環境省）

ツシマヤマネコ
（写真：環境省）

いう問題もある。

(4) 生物多様性の保全を見据えた法制度の整備の展開2──生物多様性保全法制へ

(a) 自然公園法改正　生物多様性条約6条に基づく生物多様性国家戦略が策定された頃（1995年。新生物多様性国家戦略は2002年。なお，後述する通り，現在は生物多様性基本法が生物多様性国家戦略策定の根拠となっている⇨(d)）から，生物多様性保全法制への転換の動きが活発になった。まず，自然公園法の2002年改正がある。この改正で3条に2項が追加され，「動植物の保護が自然公園の風景の保護に重要であることにかんがみ，自然公園における生態系の多様性の確保その他の生物の多様性の確保を旨として，自然公園の風景の保護に関する施策を講ずるものとする」とされた。生物多様性の確保という

概念が，明文で規定されたのである。もっとも，あくまでも，風景の保護にとって重要だから，ということであって，風景と切り離して生物多様性の保全が図られることになったというわけではない。

　その後，2009年に，1条の目的規定が改正され，「優れた自然の風景地を保護するとともに，その利用の増進を図ることにより，国民の保健，休養及び教化に資するとともに，生物の多様性の確保に寄与することを目的とする」として，生物多様性確保が法の目的とされた。ただ，生物多様性の確保は直接目的ではなく，自然の風景地の保護とその利用の増進を図ることが法の直接の目的であり，生物多様性の確保はこれを通じて実現されるという間接的なものに過ぎないことに，留意が必要である。

2002年，2009年の改正では，規制対象行為が追加され，自然保護のための規制が強化されている（木竹の損傷，ある種の動物の殺傷等。木竹の伐採や動物の捕獲は以前から規制されていたが，損傷や殺傷することはこの法律の規制の対象外だった。この他にも，特定外来生物法の規制対象との関係で重要な規制対象拡大がされているが，これについては後述する⇨(c)）。なお，生物多様性確保を法目的としたり，規制対象行為を拡充したりといった自然公園法と同様の改正が，自然環境保全法に関しても，同じ時期になされている。以上のように，生物多様性確保に向けて制度が拡充されているが，先述したように，これらの法律は特定の指定された地域内で適用されるにすぎず，日本の国土全土にわたって生物多様性の保全がされるわけではない。

　自然を害する行為の規制だけでなく，自然を保全するための人の積極的な活動のための施策として，**風景地保護協定**の制度が2002年の自然公園法改正で設けられている。自然の風景を保存するために適切な管理が必要になることがある（原生林等は別だが）。自然は人の手が入らないと遷移により現状が変わってしまうからである。そこで，土地所有者が自ら管理できない場合に，NPO等が──公園管理団体として指定を受け──土地所有者に代わって管理するための仕組みとして，風景地保護協定制度が用意されたのである **C-21**。土地所有者にメリットがなければ協定を締結する意味がないので，税負担の軽減等の措置がとられる。

　このほか，2009年の改正において，**生態系維持回復事業**の制度が設けられている。シカによる植生被害を防止する等の事業がこの制度の下で行われる。これも，人の積極的な作為による保護である。自然環境保全法にも同様の制度が同時期に設けられた。

　(b)　**カルタヘナ法**　　自然公園法，自然環境保全法の改正のほか，**カルタヘナ法**（2003年），特定外来生物法（2004年），生物多様性基本法（2008年）等の法律が，新たに制定されている。

　カルタヘナ法は，正式名称を「遺伝子組換え生物等の使用等の規制による生物の多様性の確

保に関する法律」という（コロンビアのカルタヘナで締結された議定書に基づくので，こう呼ばれる）。遺伝子組換え生物等の使用等を規制する法律であるが，生物多様性の確保が法律の名称の中に含まれているように，もっぱら生物多様性の確保を目的とする法律である。この法律は，開放系利用（屋外で遺伝子組換え作物を栽培するような利用の仕方），封じ込め利用（屋内の実験室などで，遺伝子組換えをした実験動物やウィルスなどを，外に漏れないようにしてする利用の仕方）のそれぞれについて，遺伝子組換え生物が生物多様性を損なうことがないよう，必要な規制をしている。法律の規律する対象の性質上，規制が主たる手法をなしている。

　(c)　**特定外来生物法**　　「特定外来生物による生態系等に係る被害の防止に関する法律」（**特定外来生物法**）は，本来日本に棲息していないはずの生物がペットや食用等として日本に持ち込まれることにより，日本の生態系等（生態系のほか，「等」には人の生命・身体と農林水産業が含まれる）に係る被害が生じることを防止しようとする法律である。アライグマやマングース，カミツキガメ，アリゲーターガー，アルゼンチンアリ等の外来生物が，生態系等に悪影響を与えていることは，報道でも時折取り上げられ，身近な問題として認識されるようになった。これら外来生物による影響を防止するためには，まずは輸入等日本国内に持ち込まれることを規制する必要があるので，輸入は原則として禁止される（7条。4条により，飼養等も原則として禁止される）。しかし，外来生物の中には有用なものもあるので，一律に輸入禁止とするわけにもいかない。そこで，使用等の許可を受けた者については輸入してもよいこととされている。セイヨウオオマルハナバチを農作物の受粉のために利用するとか，チュウゴクモクズガニ（いわゆる上海ガニ）を食材にするために養殖するとか，こういう場合に飼養等の許可を受けることとなっている（5条）。ただ，これが外へ逃げてしまうと大変なので，適切に管理できる施設を備えているなどの条件を満たして初めて許可される。以上のような規制のほか，既に日本で野

	科	特定外来生物	未判定外来生物
爬虫類（21種類）	カミツキガメ科	カミツキガメ	なし
	イシガメ科	ハナガメ（タイワンハナガメ） ハナガメ×ニホンイシガメ ハナガメ×ミナミイシガメ ハナガメ×クサガメ	なし
甲殻類（5種類）	ザリガニ科	アスタクス属の全種 ウチダザリガニ／タンカイザリガニ （シグナルクレイフィッシュ）	ザリガニ科の全種 ただし，次のものを除く。 ・アスタクス属全種 ・ウチダザリガニ／タンカイザリガニ
	アメリカザリガニ科	ラスティークレイフィッシュ	アメリカザリガニ科の全種 ただし，次のものを除く。 ・ラスティークレイフィッシュ ・ニホンザリガニ ・アメリカザリガニ
	ミナミザリガニ科	ケラクス属の全種	ミナミザリガニ科の全種 ただし，次のものを除く。 ・ケラクス属の全種
	モクズガニ科	モクズガニ属の全種 ただし，次のものを除く。 ・モクズガニ	なし

（環境省資料をもとに作成）

生化している外来生物については，これを駆除等しなければならないので，防除のための規定も置かれている。また，環境問題全般にいえることだが，外来生物についても生態系等に係る被害を生じさせるものかどうかよく分からないことが少なくなく，このような場合に備えて，被害を生じさせるような性質かもしれない外来生物（未判定外来生物）についても，そのような性質かどうか判明するまで輸入を制限する措置がとられている。

この法律で上記のような対策の対象となるのは，**特定外来生物**，**未判定外来生物**として政令指定されたものだけである。どんなに有害な外来生物であっても，指定されなければこの法律の規律を受けない（たとえば，アメリカザリガニやミシシッピアカミミガメ等は特定外来生物に指定されていない**10-6**。ちなみに，これらは，日本生態学会作成の「日本の侵略的外来種ワースト100」にリストアップされている）。指定のあり方の妥当性が検証されるべきだろう。また，人間以外の生物にとって国境は無意味である。日本国内での生物の人為的移動にも対処しなければならな

い（現状では，自然公園法および自然環境保全法の2009年改正で一部対応しているにすぎない）。

なお，本法は，当初意図的な持込みのみを規制していたが，2013年の改正で非意図的な持込み（輸入品に付着している等）へも一定の対応がされるようになった。

(d) 生物多様性基本法　生物多様性基本法は，生物多様性確保に関する基幹的な考え方や基本的な制度のあり方等を定める法律で，前述の自然保護関係諸法律の解釈や運用の導きの糸となるべきものである。この法律は，生物多様性の保全，保護活動の包括性という観点を備えた，考え方を示すものとしては非常に重要な法律である。

まず，法律の名称からして当然のことながら，自然の風景とか種の多様性といったことに限定されない，生物多様性の総体を保全しようとする考え方が示されている。そして，人の活動により維持されてきた生態系の保全に言及したり（14条2項），絶滅のおそれのある生物種の増殖のための事業の必要性を指摘したり（15条1項）等，たんに人の活動を規制するだけでなく，積

極的な作為による保全の重要性に対する認識を示している。また，そのほかにも，生物多様性の保全を体系的・計画的に行うために生物多様性戦略の策定を要請したり，基本的な考え方として「予防」や「順応」を摘示したりと，重要な事柄を挙示している。しかし，この法律は基本法でしかなく，直接に実効力を有するわけではない。この立派な法律の理念に実効性をもたせるための具体的な仕組みを定める法制度の整備が必要とされている。

(e) **その他の法律**　上記の法律のほか，かつて損なわれた自然を再生するための自然再生推進法（2002 年），様々な主体が連携して生物多様性保全のために活動することを促すための「地域における多様な主体の連携による生物の多様性の保全のための活動の促進等に関する法律」（2010 年）など，いくつかの法律が制定されている。

3 自然保護法制の今後

生物多様性の意味，保護の態様に留意しながら，日本の自然保護法の展開過程を見てきた。日本の自然保護法制は，はじめは，鳥獣保護と優れた自然の風景のため，しかも自然を害する行為を現状維持のために抑制するという仕組みしかなかったが，次第に，自然それ自体を全体として保全し，生物多様性を保全する方向へと，そして，現在の自然の状態を維持するための規制からより積極的な活動，現状を改善するための活動を促進するような法制へと変貌しつつある。生物多様性基本法は，そのような方向性を改めて示そうとする法律であるということができる。

しかし，現実に実効性をもつ自然保護法律は，様々な領域をそれぞれ断片的に規律するにすぎず，それぞれの領域における自然保護の到達度が異なる。今後は，生物多様性基本法の示す方向性に沿って，自然保護のあらゆる領域において，具体的で実効性のある規律がされるよう，法を整備することが求められよう。

参考文献
- 神山智美『自然環境法を学ぶ』（文眞堂，2018 年）
- 谷津義男ほか『生物多様性基本法』（ぎょうせい，2008 年）
- 財）日本自然保護協会『改訂 生態学からみた野生生物の保護と法律——生物多様性保全のために』（講談社サイエンティフィク，2010 年）
- 宮内泰介『歩く，見る，聞く　人びとの自然再生』（岩波書店，2017 年）

Chapter 11 予測し，評価し，行動する
──環境影響評価の法制度

1 環境影響評価の意義

(1) 環境影響評価とは

人の活動には環境に大きな影響を与えるものがある。道路やダムを作ったり，海を埋め立てたり，工場を建設し稼働させたりといった事業を思い浮かべればよい。このような事業が環境にどのような影響を与えるか，その影響をどのように評価するか──極めて大きいとか，たいしたことないとか──，影響にどのように対処するかといったことを，予め調べて決めておくことが環境影響評価である（環境アセスメントとか，たんに環境アセスと呼ばれることが多い）。

(2) 何のための環境影響評価？

C-22 を見てもらいたい。このような事業を実施するのだから，環境に小さくない影響を与えるだろう。環境に与える影響を調査しないまま事業を実施してもよいものだろうか。環境保全のために，どのような影響が生じうるか予め調査・予測し，必要な措置を考えておくことが大切だと誰もが思うだろう。そこで環境影響評価を行うのである。

現在，環境影響評価法という法律があり，また，自治体によっては環境影響評価条例を制定しているところがあり，これらに基づいて環境影響評価が実施されている。

2 環境影響評価のプロセス──どんなことをするのか

(1) 調査・予測・評価

では，環境影響評価とは，実際どんなことをするのだろうか。事業が環境にどのような影響を与えるかを予測するためには，まず，事業計画地とその周囲の現況がどうなっているのかを知る必要がある。人がどこにどれほど居住しているのか，どんな施設（学校，病院等）がある

Column

戦略的環境影響評価

本文で述べたように，環境影響評価法は事業実施の前段階で環境影響評価の実施を求めるにすぎないので，その結果を事業計画に反映させにくい面がある。そこで，事業計画の案が固まった段階ではなく，事業計画の立案段階で環境影響評価の実施をすべきだ，という主張が出てくる。「事業アセスではなく計画アセスを！」という主張である。さらに，個別事業の計画立案にとどまらず，より上位の計画，さらには，政策の策定に際しても環境影響評価を実施すべし，という考え方もあり，現に一部の国では制度化されている。事業アセスにとどまらないこれらのアセスを，戦略的環境影響評価という。

なお，現行の環境影響評価法では，第一種事業（後述**3**(1)を参照）につき，事業計画策定段階で環境配慮をすることとされている。事業の実施場所や規模等を決定するにあたり，環境にどのような配慮をしたかについて記載した文書（＝環境配慮書）を作成するというのがそれである。本来の戦略的環境影響評価とは質的に異なる。

のか，地形はどうなっているか，どんな生物がいるのか，といったことである。そして，その事業がどのようなものなのかもある程度明確になっている必要がある。大気汚染物質や水質汚濁物質としてどんなものをどこにどの程度排出するのか，音がどれほど発生するのかといったことである。

次に，これらの事情に関する情報から，環境にどんな影響がでるのか予測する。そして，その予測の結果を評価する。評価結果が看過できないようなものであるときは，対策（騒音対策として防音措置をとるとか）を考えておくことも必要となる。非常に大ざっぱにいえば，以上のようなことを事業実施前に行うのが環境影響評価である（⇨**Column**）。そのプロセスについて，環境影響評価法の定めるところによりながら，以下簡単に説明する **11-1**。

(2) 方法書（スコーピング） **11-2**

まず，事業者は方法書を作成する。方法書と

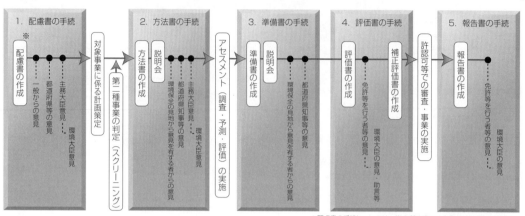

※配慮書の手続については，第2種事業では事業者が任意に実施する。

（出典：環境省ウェブサイト）

表 8.3（8）　環境影響評価における調査，予測及び評価の手法

環境要素	項目		当該項目に関連する事業特性	当該項目に関連する地域特性	手法			手法の選定理由
	環境要素の区分	影響要因の区分			調査の手法	予測の手法	評価の手法	
水質	水の濁り	工事の実施（切土工等又は既存の工作物の除去，工事施工ヤードの設置，工事用道路等の設置）	道路構造は，地表式（盛土構造，切土構造），掘割式（掘割構造），嵩上式（高架構造），地下式（トンネル構造）を計画しています。対象事業実施区域は，公共用水域を通過することが想定され，工事の実施（切土工等又は既存の工作物の除去，工事施工ヤードの設置，工事用道路等の設置）に係る水質（水の濁り）への影響が考えられます。	1. 水象の状況対象事業実施区域及びその周辺には，国分川，大津川，神崎川等が存在しています。2. 水質の状況対象事業実施区域及びその周辺では，江戸川，坂川，新坂川，六間川，国分川，春木川，真間川，大柏川，桑納川，印旛放水路（新川）において水質測定が行われています。	1. 調査すべき情報1）水質（浮遊物質量）の状況2）水象（流量）の状況2. 調査の基本的な手法1）水質（浮遊物質量）の状況調査は，現地調査により行うこととし，「水質調査方法」（昭和46年9月30日環水管第30号）及び「水質汚濁に係る環境基準について」（昭和46年12月28日環境庁告示第59号）に準拠する方法により行います。2）水象（流量）の状況調査は，現地調査により行うこととし，「工業用水・工場排水の試料採取方法」（JISK0094）に準拠する方法により行います。3. 調査地域調査地域は，対象事業実施区域及びその周辺において，切土工等又は既存の工作物の除去，工事施工ヤードの設置，工事用道路等の設置を予定している公共用水域とし，対象事業実施区域が通過する国分川，紙敷川，大津川，金山落，神崎川，二重川とします。4. 調査地点調査地点は，調査地域において水質等の状況が適切に把握できる箇所を選定します。5. 調査期間等調査時期は，調査地域における水質等の状況が適切に把握できる期間及び頻度とします。	1. 予測の基本的な手法対象事業実施区域が通過する公共用水域において，切土工等又は既存の工作物の除去，工事施工ヤードの設置，工事用道路等の設置により生じる水の濁りの程度について，事例の引用又は解析による手法により予測を行います。2. 予測地域予測地域は，調査地域と同様とします。3. 予測地点予測地点は，対象事業実施区域が通過する公共用水域において，切土工等又は既存の工作物の除去，工事施工ヤードの設置，工事用道路等の設置に係る水の濁りの影響を受ける水域の範囲とします。4. 予測対象時期予測対象時期は，切土工等又は既存の工作物の除去，工事施工ヤードの設置，工事用道路等の設置に係る水の濁りの環境影響が最大となる時期とします。	1. 回避又は低減に係る評価対象事業実施区域を通過する公共用水域において，切土工等又は既存の工作物の除去，工事施工ヤードの設置，工事用道路等の設置に係る水の濁りの影響が，事業者により実行可能な範囲内でできる限り回避又は低減され，必要に応じてその他の方法により環境の保全についての配慮が適正になされているかどうかについて，事業者の見解を明らかにすることにより評価します。	事業特性及び地域特性を踏まえ，国土交通省令及び技術手法を参考に調査，予測及び評価の手法を選定しました。

（出典：一般国道 464 号北千葉道路（市川市～船橋市）環境影響評価方法書〔要約書〕）

は，環境影響評価の対象とする環境項目を選定し，事業がそれに及ぼす影響をどのような方法で調査・予測・評価するかを記載する文書であ

る。一口に「環境」といっても，11-3 を見れば分かるように，様々な項目がある。これらの項目すべてについて，いちいち全部環境影響評

「環境影響評価法の規定による主務大臣が定めるべき指針等に関する基本的事項」別表

環境要素の区分		影響要因の区分 細区分 細区分	工事	存在・供用
環境の自然的構成要素の良好な状態の保持	大気環境	大気質		
		騒音・低周波音		
		振　動		
		悪　臭		
		その他		
	水環境	水　質		
		底　質		
		地下水		
		その他		
	土壌環境・その他の環境	地形・地質		
		地　盤		
		土　壌		
		その他		
生物の多様性の確保及び自然環境の体系的保全	植物			
	動物			
	生態系			
人と自然との豊かな触れ合い	景観			
	触れ合い活動の場			
環境への負荷		廃棄物等		
		温室効果ガス等		
一般環境中の放射性物質		放射線の量		

（出典：環境省ウェブサイト）

価の対象とする必要はない。たとえば，人里離れた山の中で実施する事業であれば，「大気環境」のうち「振動」や「悪臭」のような人間の生活環境に関する事柄は，評価項目として取り上げなくてもよいだろう。「大気質」については，周囲の地形や風向き・風速等によって，人の居住地域まで大気汚染物質が飛んでくる可能性があるので，評価項目とする必要があるかも

しれない。「水質」についても汚染水が川に流入して人の生活環境に影響するかもしれないので，評価項目とする必要がある場合があろう（事業地の周囲に水域がなければ不必要かもしれない）。生態系への影響は，人里離れた山の中であれば，当然に対象とすべきであろう（逆に，既に開発され尽くした都市部の土地での事業なら対象としなくてよいかもしれない）。このように，具体の状況によって，評価対象とすべき項目が異なってくるので，これを選定しなければならない（環境項目のうち評価の対象としないものがある場合には，その理由も記載する）。そこで，方法書の手続を，対象項目を絞るという意味で，**スコーピング**と呼んだりする。

次に，選定された環境項目について，事業による影響を調査・予測する方法をどうするかが問題となる。大気汚染であれば，汚染物質は排出源から人家まで到達する間に希釈されるであろうけれども，どの程度希釈されるかは，風向きや風速等の条件により異なる。そこで，既存文献を使うとか現地で風の調査をするとかといった具合に，調査方法を選択・決定することになる。また，汚染物質が大気中で拡散するとして，どのように拡散するかの予測についても様々な方法がありうるが，複数ある拡散モデルのうちどれを選択するかも，方法書に記載されることとなる。

さらに，時期（調査期間）の選択も方法書で行われる。たとえば水質汚濁であれば，これも汚染物質が水中で希釈されるだろうけれども，雨の多い時期と少ない時期とでは希釈のされ方が違うので，適切に時期を選択して調査・予測をする必要がある（風の状況も季節によって違うだろう）。生態系等の自然環境については，どんな生物がどの程度棲息し，どのような生態系が成立しているかを知るために必要な調査が行われなければならない。たとえば，トラップを設置してそれにかかった生物の種類や数を調べるとか，目視によりどんな鳥類がどの程度いるのか調べるという具合に，どのような方法で調査するか，といった決定をする。季節によって生物の状況は異なるだろうから，季節ごとの調

査が必要となるはずであるが，春夏秋冬それぞれ1回ずつ調査することにするのか，念を入れて毎月調査することにするのか，といったことも方法書の段階で決める。

調査・予測の結果をどのように評価するかも問題となる。評価の基準・尺度をどう選択するか，ということである。**環境基準**のような一定の数値を基準にして，それを超えるかどうかで評価するという方法とか，より環境に負荷をかけない事業の実施の仕方がないかどうか（ある場合にはそちらを選択しているかどうか）で評価するとか，評価の仕方を選択するのも方法書手続に求められる機能である（なお，環境影響評価法下の評価の仕方については後述の(4)を参照されたい）。

(3) 準備書・評価書 11-4

方法書の内容に従って，今度は実際に調査・予測・評価をする段階に入る。これには，**準備書と評価書**の2段階がある。まず，事業者が環境影響評価の結果をまとめた文書を作成する。これが準備書である。そして，この準備書に対して各方面からの意見を提出してもらい（3(2)で後述するところを参照），出された意見を踏まえて最終的に作成される文書が評価書である。

これらの文書には，調査により判明した環境の状況がまず記載される。風の状況とか降雨量とか，川の水量とか，あるいは生物の生息状況とか，といったことである。そして次に，事業により環境がどのように変化するかの予測が示される。大気の状況の変化（窒素酸化物の濃度がどうなるかとか），水質がどう変化するかとか等々。その予測の結果について，評価がされる。環境基準を超えないから影響は小さいといった具合である。

(4) 評価の視点——回避・低減・代償措置と環境保全措置

ところで，評価の視点はいろいろありうるが，現行の環境影響評価法の下では，何らかの基準が達成されるかどうかという視点ではなく，ベストが追求されているかという視点からの評価がされることになっている。基準達成型ではな

予測結果・評価の概要

（予測結果の概要）
　施設の稼働（排ガス）に伴い発生する二酸化炭素の排出量は、下表のとおりである。

二酸化炭素の年間排出量及び排出原単位

項目	単位	新設発電所
定格出力	万kW	130
燃料の種類	─	石炭
年間設備利用率	%	80
年間燃料使用量	万t/年	約317
年間発電電力量	億kWh/年	約91
発電端効率	%	43
年間二酸化炭素排出量	万t-CO_2/年	約692
二酸化炭素排出原単位（発電端）	kg-CO_2/kWh	約0.760

注：神戸発電所停止時の代替として、設備能力最大200t/hの熱供給を行った場合、年間燃料使用量は約339万t/年、年間二酸化炭素排出量は約740万t-CO_2/年となる。

（評価の概要）
（1）環境影響の回避・低減に関する評価
　左記の環境保全措置を講じることにより、施設の稼働（排ガス）に伴う温室効果ガス等（二酸化炭素）への影響は実行可能な範囲内で低減が図られているものと評価する。
　なお、二酸化炭素排出量をより低減するための方策として、現在、神戸製鉄所の排熱を利用して実施している近隣の酒造会社等への熱供給に加え、地域で発生する未利用エネルギー源の神戸製鋼グループの発電所における活用や、発電所の未利用エネルギーの有効活用をはじめ、地域での具体的な削減方策について検討する。

（出典：神戸製鉄所火力発電所（仮称）設置計画環境影響評価書〔要約書〕）

く，**ベスト追求型**などという言い方がされる。環境影響評価法成立以前は，1984年の閣議決定「環境影響評価の実施について」に基づいて環境影響評価が一部の事業について実施されていたが，そこでの評価は，環境基準を超えるかどうかが基準となっていた。現行法は，これを変更したものである。より環境に負荷をかけないようにしているかどうか，という視点からの評価をするのであって，環境基準を超えないなどというのは当然のこととされているわけである。つまり，環境への負荷を**回避・低減**できるならそうすべきであり，基準を満たすから回避・低減をしなくてよいというわけではない。たとえば，脱硝装置を設置することにより窒素酸化物の排出量を削減するとか，防音装置を取り付けることにより騒音をより軽減するとかといった措置をとるので，可能な限り回避・低減が図られている，といった評価がされる（なお，**3**(2)で後述するとおり，事業者が環境影響評価を実施するためか，「可能な回避・低減が図られていない」などとする評価がされることはまずない）。

　生態系等の自然環境に関して言えば，河川に堰を設置する事業を例にとると，堰により川の上流と下流が分断されるのでそのままだと水生

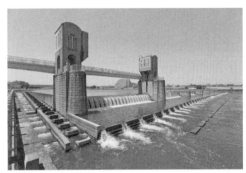

多摩川の二ヶ領宿河原堰（神奈川県川崎市）。左側階段状のところが魚道。　　　（写真：時事通信フォト）

生物の行き来ができなくなってしまうが，魚道**11-5**を用意するなどして堰による分断の影響の回避ないし低減を図ることが考えられる（その効果がどの程度かについては，個別のケースにより異なり，場合により，有効性について疑問がまるでないわけではない）。道路事業の場合にも，道路の設置によりその両側の地域が分断されるが，生物の通り道を作るなどの措置が考えられる。道路が直に設置される土地上の生物（特に植物）については，道路設置の影響を回避・低減することはできないので，ほかの場所にその生物を

11-6 代償措置の例

湿地の消失

事業地の隣接地で湿地を創出する。

事業地から離れた場所で湿地を創出する。

たとえば，道路事業で湿地を埋め立てる場合，別の場所に湿地を作り，そこに動植物を移動する措置をとることができる。 （環境省ウェブサイトの図をもとに作成）

移植するといった**代償措置11-6**をとることが考えられる（移植先で無事に生育できる保証があるとは限らないが）。回避・低減が原則で，それが不可能な場合に初めて代償措置がとられる。

以上のように，回避・低減のための措置，代償措置がとられることにより，環境への負荷をより小さくできているか，という視点から評価がされるため，たんに事業の環境影響の予測をしてそれを評価するというだけでなく，環境保全のための措置も環境影響評価には記載される。

3 環境影響評価制度のポイント

ここまで，環境影響評価とは何で，どんなことをするのか説明してきた。ここからは，環境影響評価という制度の作りを考える際のポイントとなる点のいくつかについて見ていくこととする。現行の環境影響評価法は適切な制度になっているだろうか。

(1) 環境影響評価を実施する事業をどう選択するか

前述のように，環境への影響を事業実施前に調査・予測・評価するのが環境影響評価であるが，ありとあらゆる事業について実施するわけにもいかない（たとえば，街中での数席しかない個人経営のラーメン屋の開設に環境影響評価の実施をさせるわけにもいかない。環境への影響は微々たるものだろうし，事業規模に比して環境影響評価実施の金銭的負担等も大きすぎる。また，このようなものまで環境影響評価の対象とすると，行政の監督

対象が多すぎて，行政の負担も大きくなる）ので，選択をする必要がある。事業の規模（一般的に言えば，規模が大きいほうが環境影響も大きくなりやすく，環境影響評価をすべき必要性も高い）や種類（道路建設や廃棄物最終処分場のように公害の原因になりやすいタイプの事業やダムのように自然環境に大きな改変を加える事業であれば環境影響評価をすべきだと一般的には言えよう），事業実施の場所（貴重な生物の生息地か，水道水源地域か，人口密集地域か等）等が，選択の指標として考えられる。たとえば，規模が小さくても，事業の種類や実施場所によっては，環境への影響が大きいかもしれないので環境影響評価を実施すべき事業として選択すべきだ，とも言える。

では，現行の環境影響評価法ではどうなっているだろうか。**11-7**の中の第一種事業は必ず環境影響評価を実施すべき事業であるが，これを見れば分かるように，基本的には一定種類の事業のうち規模の大きいものが環境影響評価の実施対象事業となっている。第二種事業は，具体の状況を勘案して個別に環境影響評価を実施するかどうか判断することとされている事業である（環境影響評価の対象事業とするかどうかを決めることをスクリーニングと呼んだりする）が，概ね第一種事業の4分の3の規模になっている。結局規模が重視されていると言える。そもそも環境影響評価法1条の目的規定が，「規模が大きく環境影響の程度が著しいものとなるおそれがある事業」について環境影響評価を実施するとしていて，最初から大規模なものに限定しているのである。この点については批判もあるところである。すなわち，事業の種類・規模の他，事業実施場所の状況も勘案した上で選択するような制度にすべきだ，というわけである（極端には，街中の数席しかない小規模のラーメン屋も環境影響評価の対象事業とすべきとしても，相当程度簡略化された環境影響評価の実施を求めることになろう）。

(2) 環境影響評価を誰が実施するか

環境影響評価を誰が行うことにするかも制度設計に当たっては重要な点の1つである。現行

11-7 環境影響評価の対象事業（一部）

対象事業	第一種事業	第二種事業
1 道路		
高速自動車国道	すべて	―
首都高速道路など	4車線以上のもの	―
一般国道	4車線以上・10 km以上	4車線以上・7.5 km〜10 km
林道	幅員 6.5 m以上・20 km以上	幅員 6.5 m以上・15 km〜20 km
2 河川		
ダム，堰	湛水面積 100 ha以上	湛水面積 75 ha〜100 ha
放水路，湖沼開発	土地改変面積 100 ha以上	土地改変面積 75 ha〜100 ha
3 鉄道		
新幹線鉄道	すべて	―
鉄道，軌道	長さ 10 km以上	長さ 7.5 km〜10 km
4 飛行場	滑走路長 2,500 m以上	滑走路長 1,875 m〜2,500 m
5 発電所		
水力発電所	出力 3万 kw以上	出力 2.25万 kw〜3万 kw
火力発電所	出力 15万 kw以上	出力 11.25万 kw〜15万 kw
地熱発電所	出力 1万 kw以上	出力 7,500 kw〜1万 kw
原子力発電所	すべて	―
風力発電所	出力 1万 kw以上	出力 7,500 kw〜1万 kw

（出典：環境省ウェブサイト）

の環境影響評価法では，事業者自身が実施することとされている（現実には，環境影響評価のプロの企業である環境影響評価業者がおり，そこに料金を払って委託する）。事業者は自らの事業が環境にどのような影響を与えるのか自ら責任を持って調査し必要な措置を予め考えておくべきだ，と考えれば，事業者をもって環境影響評価の実施主体となすことにも理があるということになる。しかし，自分の事業について自分が評価するとなると，お手盛りになるのではないかという危惧を覚える人もいるだろう（環境影響評価業者が実施するのが通常であるが，事業者からお金をもらって環境影響評価を行うので，同様の危惧が生じ得る）。そのような懸念からすると，中立公正な評価をしてくれそうな別の主体（例えば，環境行政機関等）に環境影響評価を実施させるのが合理的だ，と考えることになろう。

　環境影響評価が適正に実施されるための仕組みとして，環境影響評価手続の節目ごとに外部の目に曝してその監督を受けることにする，と

いうことも考えられる。現行法では，方法書を作成したときはこれを誰でも見られるようにしておくようにするとともに（公告して縦覧に供することとされている），説明会を開催することとされており，また，誰でも環境保全の見地から意見を提出することができることになっている。方法書に記載されている調査方法では不十分である（たとえば，方法書では，季節ごとに1回のみ生物調査をすることとなっている場合に，それでは足りないという意見）とか，評価の基準・尺度が適切でない（たとえば，環境基準を超えるかどうかを評価基準としている場合に，回避・低減が図られているかどうかで評価すべきだ，という意見）といった意見を述べることができる。さらに，関係都道府県知事も意見を述べることができる。準備書についても同様である。評価書については，環境大臣が環境保全の見地からの意見を述べることができることとなっている。

　意見が述べられただけではあまり意味がないので，出された意見に対する事業者の見解が示

されるべきこととされている。方法書に対する
意見については準備書に，準備書に対する意見
については評価書に事業者の見解を記載するこ
とになっている（なお，環境大臣の意見に従う義
務や従わない場合に理由を述べる義務は法定されて
いない。事業の許認可等の権限を有する行政機関が，
環境大臣の意見を勘案した上で環境保全の見地から
事業者に対して意見を述べることができることとさ
れており，事業者がこれに従わない場合には許認可
等の際に考慮される，つまり，申請拒否処分等がさ
れる可能性がある）。

このほか，環境影響評価業者を許可制ないし
資格制にして，その実施する環境影響評価が不
適切な業者について許可取消し，資格剥奪等の
措置をとる，といった対策を制度化することも
考えらえるが，現行法では採用されていない。

(3) 環境影響評価をどの時点で実施するか

事業が立案されて実施されるに至るまで，い
くつもの段階がある。**11-8**を見てもらいたい。
事業の案の中身がまだはっきりとは決まってい
ない段階と具体的に決まった段階がある（A〜
C案のどれにも決まっていない段階と，どれか一つ
の案に決まった段階）。事業計画が具体的に決ま
ってから環境影響評価を実施するとしよう。そ
の結果，別の案のほうが環境影響がだいぶ小さ

11-8 複数案

（出典：広島市ウェブサイトをもとに作成）

くて済みそうだ，となったとき，決まった案を
白紙撤回して再度事業計画を練り直す，という
ことにはなりにくい。事業者には事業者の都合
があるので，そんなに時間をかけられないだろ
う。結局，決まった案の中で可能な環境保全措
置をとるだけ，ということになりかねない。ま
だ具体的には事業計画が決まっていない段階で
環境影響評価が実施されれば，その結果を事業
計画に反映させやすいだろう。このように，環
境影響評価を実施する時点をどうするかも，重
要である。環境影響評価法では，事業計画策定
前に環境影響評価を実施することを要求されて
おらず，事業実施前にすればよいこととなって
いる。

(4) 環境影響評価を事業実施にどのように生かすか

環境影響評価の結果，環境基準を超過すると
か，回避・低減が可能なのになされない，とい
った評価になったとしよう。その事業は実施し
てはいけないということになるのだろうか。評
価が悪い場合は事業の実施を認めないという制
度にすることも考えらえるし，実際にそのよう
な制度になっている国もある。しかし，現行の
環境影響評価法は，そのような制度にはなって
いない（⇨*Column*）。制度的には，許認可等の
審査の際に，環境影響評価の結果を併せて考慮
することとなっているにすぎない。環境への影

Column

環境保護派が事業を中止させることはできるか？

個々の事業の環境影響評価手続の過程で，「こんなに環境に悪影響があるのだからこの事業は中止すべきだ」という主張がされることがままある。たとえば，事業実施場所に希少種が棲息していて，事業が実施されるとその生息地が失われるから，そんな事業は実施すべきでない，というように。

しかし，環境影響評価は，少なくとも現行制度の下では，環境保護の要請に拒否権を付与するようなものではない。あくまで，総合考慮の中の一考慮事項にすぎないのである。環境影響評価の制度を利用して事業をストップさせようというのは，現行制度の下では，過剰な要求，過大な期待である。逆に言えば，環境影響評価制度は，環境保護派にとっては期待外れの制度だ，ということになる。

法』（信山社，1998 年）
- 環境アセスメント学会（編）『環境アセスメント学入門』（恒星社厚生閣，2019 年）

Column

順応管理

　科学的に不確実な状況でも被害発生防止のために何らかの措置をとるべきだという考え方を**予防原則**という が，科学的に不確実な状況（例えば，回避・低減措置の実効性の有無や程度が明確に予想できないなど）の下，事後に得られた情報に基づいて必要な対策をとるべし，という考え方を表すのが「**順応管理**」という言葉である。知見の変化に応じて柔軟に対応すべし，ということである。

　環境影響評価の場合にも，明確な予測が困難な事柄については，事後的に判明したことに応じてとられる措置に関する規定があり，順応管理の考え方の一つの具体化といえる。もっとも，事態の推移が予測と異なった場合に関する順応管理の在り方については，特に規定がない。

響が大きくとも，当該事業の許認可がされることが十分ありうるわけである。環境影響評価の結果を勘案した結果当該事業の実施を認めない（不許可・不認可）ということもありうるが，環境影響評価の結果はあくまで1つの考慮要素でしかない。

(5)　事後対応

　環境影響評価は，事前に予測・評価するものであるが，たとえば，代償措置として生物を他の場所へ移すが，移し先でちゃんと生息していくかどうか確実には言えない，といったように予測通りに事後が経過するとは限らない。そもそも，事前の予測が状況の不確実性のためにできないこともある。このような場合に備えて制度を整備しておく必要があるが，現行の環境影響評価法は，不確実な事柄については方法書・準備書に記載しておいて事後的に調査して措置を講ずることとするといった規定を置く等の対応をしているものの，予測・評価の正しさを事後的に検証するための仕組みなどは設けておらず，制度的対応が不足している（⇨*Column*）。

参考文献

- 原科幸彦『環境アセスメントとは何か』（岩波書店，2011 年）
- 浅野直人（監）『戦略的環境アセスメントのすべて』（ぎょうせい，2009 年）
- 明治学院大学立法研究会（編）『環境アセスメント

企業にとっての環境法
——環境経営と環境コンプライアンス体制

1 企業環境法の意義

　従来，環境問題に対するアプローチは，主に，行政法，民法（⇨*Chapter 2*），国際法（⇨*Chapter 14・15*）等の法領域からなされており，企業法的な視点からのアクセスは試みられてこなかった。しかし，現代の環境問題の多くは企業の経済活動の所産であり，私的利益追求の結果として生じたものであることは明らかである。今後，企業をとりまく外部環境の変化に伴って，企業の組織・活動のあり方にも影響が生じることは不可避であり，企業に関する法としての商法にも「企業と環境」との関係が問い直されなければならない（なお，上記にいう「商法」とは形式的意義の商法〔商法典〕ではなく，企業に関する法としての商法〔実質的意義の商法〕を意味する。実質的意義の商法としては，商法典のほか，会社法，金融商品取引法，保険法，手形法，小切手法などが挙げられ，これらは企業関係に関与する人々の利益の対立を調和させることを主眼とする法規であって，私法法規を中心とするが，行政監督法規・訴訟法規・罰則等の公法的規定も附属的に含まれる）。そこで，企業の環境活動を促す諸措置とともに，環境侵害行為の未然防止とその結果生じた事態の改善のための諸措置について，（実質的意義の）商法の立場からのアプローチを行うのが企業環境法である。

　Chapter 11 までは，環境公法上の規制の内容を中心に扱ってきたのに対して，*Chapter 12* および *13* は，上記のアプローチに基づいて，規制を受ける側である企業に焦点を当てる。本章では，企業の内部メカニズムを規律する会社法を中心に，今日，企業に求められている環境経営と会社法上の取締役の義務・責任との関わり（「企業の環境活動を促す諸措置」として CSR を促進するための法・ソフトロー〔正当な立法権限に基づいて創設された規範ではなく，原則として，法

的拘束力はないが，当事者である企業の行動や実践に大きな影響を与える規範〕，「環境侵害行為の未然防止」として環境コンプライアンス体制）について概説する。

2 環境経営と「株主の利益最大化」原則

(1) 会社の利害関係者の利害調整のあり方
——「株主の利益最大化」原則

　社員（会社という社団の構成員〔会社に対する出資者〕）の地位が株式と称する細分化された割合的単位の形をとり，その社員が会社に対し各人のもつ株式の引受価額を限度とする有限の出資義務を負うだけで（会社法 104 条），会社債権者に対して何ら責任を負わない会社を**株式会社**という。株式会社の会社債権者にとって担保となるのは会社財産だけなので，債権者保護のための様々なルールがある。たとえば，会社の存続中，株主は，資産の額が負債の額を上回らない限り，剰余金の配当を受けることができない（会社財産を確保するための基準としての一定の金額，すなわち資本制度が定められている）し，会社の清算時においても，まずは債権者に対する弁済が優先され，なおも残余財産がある場合，劣後的に分配を受けることができるにとどまる（会社法 502 条）。

　以上のような，一見不利な立場を引き受ける代わりに，株主には，会社経営に対するコントロール権が与えられている。それは，株主に株主総会の決議に参加する（取締役を選任・解任する）権利を与えることが，社会の富を増大させるという意味で効率的な経営につながるからだと説明される。たとえば，資産 3 億円で債務が 2 億円の会社があり（経営は安定しており，弁済期には確実に債務が弁済される），同社が新規事業を行うと 99% の確率で資産が 100 億円に増えるが，1 億円に減少する確率も 1% あるとする。

この場合，当該事業は社会的に有益であり，実施されるべきと考えられるが，債権者がコントロール権を有する場合，1% の確率で債務不履行が起こり得る当該事業には同意しないであろうから，当該事業は行われなくなってしまう。

そこで，株式会社では，株主にコントロール権が与えられており，会社の利害関係者（株主，会社債権者，従業員，消費者，地域社会など。まとめてステークホルダーという）の利害調整において，取締役は，原則として「株主の利益最大化」につき善管注意義務（会社法 330 条，民法 644 条）を負うと解するのが多数説である（これを「株主の利益最大化」原則という）。

(2) 「株主の利益最大化」原則と CSR

(a) 問題の所在　近年，さかんに CSR（Corporate Social Responsibility：企業の社会的責任）という言葉が取り上げられている。CSR の定義は論者によって様々であるが，「株主に利益をもたらす経済的側面だけでなく，環境対策や法令遵守（コンプライアンス），人権擁護，労働環境，社会貢献，消費者保護といった社会的側面でも，バランス良く責任を果たそうという経営理念」（日本経済新聞）という定義や，「企業の社会への影響に対する責任（その責任を十分果たすために，企業は，①株主ならびにその他の利害関係者および社会全般のために，共有価値の創造を最大化すること，②企業の潜在的悪影響を特定，予防，および緩和することという目的の下に，その利害関係者との密接な協働によって，社会，環境，倫理，人権及び消費者の懸念を事業活動および中核となる戦略に統合するプロセスを構築すべきである）」（欧州委員会）といった定義が一般的である。

2003 年は，「CSR 経営元年」といわれた。CSR 部門や CSR 担当役員を新たに設ける企業が多く見られたが，これを一過性のビジネストレンドとして捉える冷ややかな見方も少なくなかった。しかし，その後も，CSR は一時的なブームに終わることなく，経営課題の上位テーマとして，その重要性は高まるばかりであり，ブームは実践段階に入ったものと認識されるに至っている。

しかし，取締役が CSR を実践する場合，環境対策や社会貢献等に経営資源を投入することによって，株主の利益最大化の要請と衝突する場面が起こりうる。

(b) 従来の「企業の社会的責任」論と CSR
CSR という言葉が関心を呼ぶようになったのは 21 世紀に入ってからのことであるが，その訳語である「企業の社会的責任」という言葉自体は，特段新しいものではない。

すなわち，企業の社会的責任という言葉は，1960〜70 年代にかけて発生した公害問題を契機に，マスコミにおいてさかんに取り上げられるようになり，さらに，80 年代において，企業による文化支援活動（メセナ）などを通して一般化してきたものである。

会社法の世界においても，昭和 49 年改正商法の附帯決議を契機として，「株式会社法中に，取締役に対し社会的責任に対応して行動すべき義務を課する明文の規定を設けること等を検討すべきか」が大いに議論されたことがあった。その結果，企業の社会的責任に関する規定を設けることは，会社法になじまないとして，かか

Column
昭和 49 年商法改正附帯決議をめぐる議論

　法務省の意見照会に対しては，消極的な意見が多かった。その代表的な論者である竹内昭夫博士は，規定の新設に賛成できない理由として，①企業の社会的責任という概念の内容が全く不明確であること，②一般規定をおいても実効性がないこと，③それを主張している人々の意図に反して経営者の裁量権の拡大という結果をもたらすおそれがあることを挙げるとともに，「私は，決して企業の社会的責任を否定するものではない。逆に企業に対して社会に対する責任を法律的にはっきり守られせたいと考えるからこそ，個々の問題について具体的に有効な法的規制を加えるべきだと主張しているのである」と述べた。

　たとえば，あるリゾート開発に対してずさんな融資がなされ，当該開発事業の破綻によって債権が回収不能となった結果，当該融資を行った取締役の責任が追及されたとする。このような場合において，「融資を行わないと地域振興を期待した地元の期待に添えなくなる」等といった「社会的諸利益に対する配慮」が，取締役の善管注意義務違反を否定する理由として認められること（「企業の社会的責任」が言い訳の飾りとして悪用されること）に対する大きな懸念が，竹内博士らの消極説（多数説）の背景にあったのである。

Chapter

12

企業にとっての環境法

97

172 **Duty to promote the success of the company**
(1) A director of a company must act in the way he considers, in good faith, would be most likely to promote the success of the company for the benefit of its members as a whole, and in doing so have regard (amongst other matters) to—
 (a) the likely consequences of any decision in the long term,
 (b) the interests of the company's employees,
 (c) the need to foster the company's business relationships with suppliers, customers and others,
 (d) the impact of the company's operations on the community and the environment,
 (e) the desirability of the company maintaining a reputation for high standards of business conduct, and
 (f) the need to act fairly as between members of the company.

（下線は筆者による）

る明文の規定は設けられず，今日に至っている（⇨*Column*）。

　このように，社会一般においても，会社法の世界においても，従来から，「企業の社会的責任」という言葉が関心を呼んでいた（あるいは議論されていた）ため，近年使われるようになった「CSR」についても，従来からなされている「企業の社会的責任」を単にアルファベット3文字で言い換え，議論の蒸し返しをしているだけだという見方もなされうるかもしれない。

　しかし，近年使われるようになったCSRという言葉には，従来と比較した場合，次の点で質的な違いがあることが指摘されている。第1に，従来の企業の社会的責任論では「できるならできるに越したことはない」という受け止め方が一般的であったのに対して，現代の会社経営において，CSRは避けがたいリスクであり，株式価値の最大化を長期的・持続的に実現するためには，CSRを果たし，社会の期待・要請に応えた責任ある行動をとらなければならなくなった点である。第2に，CSRは必ずしも法的な強制を伴うわけではなくても，実際上・事実上の強制力を有するソフトローとして機能する方向性が看取できる点である。(3)以降では，CSRへの取り組みを促す法律・ソフトローについて言及するが，これらの背景には，上記のような（従来の社会的責任論からの）質的な変容があることに留意してほしい。

(3) CSRへの取組みを促す法律・ソフトロー

(a) 海外の立法例――2006年英国会社法

　英国では，2006年に新会社法が成立した。同法の172条1項においては，取締役の一般的義務の一つとして，会社の成功を促進すべき義務が定められ，その義務の履行にあたっては「当該会社の事業のもたらす地域社会および環境への影響」を考慮しなければならない旨が規定されている**12-1**。

　「会社は誰のものか？」という議論をめぐって，従来，株主利益至上主義とステークホルダー主義との（二項）対立があった。しかし，今日では，他のステークホルダーの利益を収奪してでも目先の株主利益を最大化するの（株主利益至上主義）ではなく，（環境を含む）ステークホルダーの利益を考慮しながら，株主の利益のために，会社の長期的利益を高めるように行動すべきという，両者を止揚した「**啓発的株主価値**」（Enlightened Shareholder Value：ESV）に向かってスタンダードが収斂しつつあるのが世界的な状況となっている。英国会社法172条も，啓発的株主価値を明文化したものと位置づけられている。

　商法改正附帯決議をめぐる議論がなされていた時代に比較して，CSRの性質が変容するとともに，会社法における理論的位置づけ（ESV）が明確化されたことで，かかる立法がなされるための土壌が整ったとみることができよう。

（b）　日本国内のソフトロー――コーポレート
ガバナンス・コード　東京証券取引所 12-2
は，実効的なコーポレートガバナンスの実現に

資する主要な原則を取りまとめた「コーポレー
トガバナンス・コード」（以下「CG コード」とい
う）を定めている（2015 年に策定，2018 年に改訂）。
東証一部・二部の上場会社には，CG コードの
全原則について，実施をするか（comply），実
施しないものがある場合には，その理由を説明
（explain）することが求められている（このよう
な手法を「Comply or explain（遵守せよ，さもなく
ば説明せよ）」という）。

　CG コードは，コーポレートガバナンスを
「会社が，株主をはじめ顧客・従業員・地域社
会等の立場を踏まえた上で，透明・公正かつ迅
速・果断な意思決定を行うための仕組みを意味
する」と定義し，同コードの基本原則 2 では，
ステークホルダーとの適切な協働，原則 2-3 お
よび補充原則 2-3①ではサステナビリティ（持
続可能性）を巡る課題への適切な対応 12-3 が定

12-2　東京証券取引所

東証のマーケットセンター。かつては大勢の立会人が手で
サインを出しながら取引を行っていたが，現在では，コン
ピュータによって株式の売買注文が処理されている。

12-3　CG コード基本原則・補充原則（抜粋）

【基本原則 2】
　上場会社は，会社の持続的な成長と中長期的な企業価値の創出は，従業員，顧客，取引先，債権者，地域社会をは
じめとする様々なステークホルダーによるリソースの提供や貢献の結果であることを十分に認識し，これらのステー
クホルダーとの適切な協働に努めるべきである。
　取締役会・経営陣は，これらのステークホルダーの権利・立場や健全な事業活動倫理を尊重する企業文化・風土の
醸成に向けてリーダーシップを発揮すべきである。

考え方
　上場会社には，株主以外にも重要なステークホルダーが数多く存在する。これらのステークホルダーには，従業員
をはじめとする社内の関係者や，顧客・取引先・債権者等の社外の関係者，更には，地域社会のように会社の存続・
活動の基盤をなす主体が含まれる。上場会社は，自らの持続的な成長と中長期的な企業価値の創出を達成するために
は，これらのステークホルダーとの適切な協働が不可欠であることを十分に認識すべきである。また，近時のグロー
バルな社会・環境問題等に対する関心の高まりを踏まえれば，いわゆる ESG（環境，社会，統治）問題への積極
的・能動的な対応をこれらに含めることも考えられる。
　上場会社が，こうした認識を踏まえて適切な対応を行うことは，社会・経済全体に利益を及ぼすとともに，その結
果として，会社自身にも更に利益がもたらされる，という好循環の実現に資するものである。

【原則 2-3. 社会・環境問題をはじめとするサステナビリティーを巡る課題】
　上場会社は，社会・環境問題をはじめとするサステナビリティー（持続可能性）を巡る課題について，適切な対応
を行うべきである。

補充原則
2-3①　取締役会は，サステナビリティー（持続可能性）を巡る課題への対応は重要なリスク管理の一部であると認
　　　識し，適確に対処するとともに，近時，こうした課題に対する要請・関心が大きく高まりつつあることを勘案し，
　　　これらの課題に積極的・能動的に取り組むよう検討すべきである。

（出典：東京証券取引所「コーポレートガバナンス・コード」）

められている。いずれも，英国会社法172条と軌を一にするものと位置づけられよう。

(c) 国連主導のソフトロー——UNGC と SDGs　国連グローバル・コンパクト（UNGC）とは，1999年の世界経済フォーラム（グローバルかつ地域的な経済問題に取り組むために，政治，経済，学術等の各分野における指導者層の交流促進を目的とした独立・非営利団体）において，当時の国連事務総長コフィ・アナン氏が提唱した自発的な取り組みである。UNGC は 4 つの分野（人権，労働，環境，腐敗防止）について，10 の原則を定めている 12-4 12-5 。また，SDGs（持続可能な開発目標）C-23 も，企業が取り組むべき目標をより具体的に示したソフトローとし

て，実務上，企業経営に対して，リスクと機会という 2 つの側面から，大きな影響を及ぼしている。すなわち，企業にとって，SDGs の目標に示されている諸課題を解決するための製品・サービスの開発は大きなビジネス機会につながる一方，SDGs の目標に示されている責任を果たさない企業は，重大なレピュテーション（評判）リスクを抱えることになる。

　国連は，企業の事業活動を SDGs に調和させるための行動指針として「SDG Compass」を公表している。日本経済団体連合会（経団連）も，SDGs を反映させるかたちで，会員企業が遵守・実践すべき事項を記載した「企業行動憲章」を 7 年ぶりに改定し，特設サイトを開設して，企業による取組み事例を紹介している 12-6 。

(4) 取締役の義務・責任が問題となりうる局面
　環境経営を行うにあたって，取締役の善管注意義務（「株主の利益最大化」原則）が問題となり得る場面は様々である。以下では，具体的な局面ごとにこの問題について見ていくこととしよう。

(a) 社会貢献活動——環境保護目的の寄付の可否　現在までのところ，環境保護目的の寄

12-4　UNGC における環境原則

環　境
原則 7　企業は環境上の課題に対する予防原則的アプローチを支持し，
原則 8　環境に関するより大きな責任を率先して引き受け，
原則 9　環境に優しい技術の開発と普及を奨励すべきである。

（出典：グローバル・コンパクト・ネットワーク・ジャパンウェブサイト）

12-5　UNGC 署名企業の例

kikkoman　おいしい記憶をつくりたい。　企業情報　おいしい記憶　食育・食文化　安全・品質・研究　企業の社会的責任　IR情報　採用情報

トップ ＞ 企業の社会的責任 ＞ キッコーマンの考え方 ＞ グローバル・コンパクト

グローバル・コンパクト

グローバル・コンパクトへの参加

キッコーマングループは
日本初のグローバル・コンパクト署名企業です

キッコーマングループは、2001年に国連の提唱するグローバル・コンパクトに日本企業として初めて署名しました。これは、企業の責任ある行動によって、グローバルな課題を解決していこうという趣旨に賛同したためです。

グローバル・コンパクトとは？

1999年に開かれた世界経済フォーラムにおいて、コフィー・アナン国連事務総長（当時）が提唱し、2000年に国連本部で正式に発足。参加する企業には、人権、労働基準、環境、腐敗防止の4分野で、世界的に確立された10原則を支持し、実践することを求めている。

WE SUPPORT

（出典：キッコーマン株式会社ウェブサイト）

企業行動憲章
－持続可能な社会の実現のために－

一般社団法人　日本経済団体連合会
1991年9月14日　制定
2017年11月8日　第5回改定

企業は，公正かつ自由な競争の下，社会に有用な付加価値および雇用の創出と自律的で責任ある行動を通じて，持続可能な社会の実現を牽引する役割を担う。そのため企業は，国の内外において次の10原則に基づき，関係法令，国際ルールおよびその精神を遵守しつつ，高い倫理観をもって社会的責任を果たしていく。

（持続可能な経済成長と社会的課題の解決）
1．イノベーションを通じて社会に有用で安全な商品・サービスを開発，提供し，持続可能な経済成長と社会的課題の解決を図る。

（公正な事業慣行）
2．公正かつ自由な競争ならびに適正な取引，責任ある調達を行う。また，政治，行政との健全な関係を保つ。

（公正な情報開示，ステークホルダーとの建設的対話）
3．企業情報を積極的，効果的かつ公正に開示し，企業をとりまく幅広いステークホルダーと建設的な対話を行い，企業価値の向上を図る。

（人権の尊重）
4．すべての人々の人権を尊重する経営を行う。

（消費者・顧客との信頼関係）
5．消費者・顧客に対して，商品・サービスに関する適切な情報提供，誠実なコミュニケーションを行い，満足と信頼を獲得する。

（働き方の改革，職場環境の充実）
6．従業員の能力を高め，多様性，人格，個性を尊重する働き方を実現する。また，健康と安全に配慮した働きやすい職場環境を整備する。

（環境問題への取り組み）
7．環境問題への取り組みは人類共通の課題であり，企業の存在と活動に必須の要件として，主体的に行動する。

（社会参画と発展への貢献）
8．「良き企業市民」として，積極的に社会に参画し，その発展に貢献する。

（危機管理の徹底）
9．市民生活や企業活動に脅威を与える反社会的勢力の行動やテロ，サイバー攻撃，自然災害等に備え，組織的な危機管理を徹底する。

（経営トップの役割と本憲章の徹底）
10．経営トップは，本憲章の精神の実現が自らの役割であることを認識して経営にあたり，実効あるガバナンスを構築して社内，グループ企業に周知徹底を図る。あわせてサプライチェーンにも本憲章の精神に基づく行動を促す。また，本憲章の精神に反し社会からの信頼を失うような事態が発生した時には，経営トップが率先して問題解決，原因究明，再発防止等に努め，その責任を果たす。

「天然水の森」活動

サントリーホールディングス（株）

「天然水の森」活動

サントリーグループは，商品の製造段階で多くの地下水を使用します。良質な地下水の持続可能性を保全するため，2003年から各地の行政や森林所有者と数十年にわたる中長期の契約を結び，サントリー「天然水の森」として水を育む森づくり活動を行っています。
その活動にあたっては，科学的根拠に基づいた綿密な調査・研究を行い，その場所に合わせたさまざまな計画や目標を定めています。また，この活動をより持続可能なものとするために，水源涵養（かんよう）機能の向上と生物多様性の保全を大きな目標として，技術やリテラシーを継承するための人材育成支援や次世代環境教育にも力を注いでいます。

主なSDGsの目標

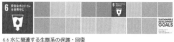

6.6 水に関連する生態系の保護・回復
15.2 森林減少の阻止・劣化の回復
15.4 生物多様性の保全

提供状況
提供開始済　　開始（予定）年月日：2003年～

（出典：経団連ウェブサイト）

付をめぐって取締役の責任が問題となったことはないが，会社による政治献金が問題とされた事案において，最大判昭和45年6月24日民集24巻6号625頁（八幡製鉄献金事件）は，会社の規模・経営実績等諸般の事情を考慮して，合理的な範囲内のものである限り，応分の寄付をしたとしても，取締役に責任が生じることはないと判示した。

上記の判例の立場を踏まえると，環境保護目的の寄付についても，合理的な範囲内のものである限り，取締役はこれをなし得る（義務違反の責任は生じない）と解されよう（この場合において，当該寄付が株主の利益に寄与するか否かは問題とならず，株主の利益最大化原則は法規範としては緩いものと解されている）。

（b）　環境経営――日常の経営判断の場合

A社の取締役が，社会の期待に応えて，任意で厳格な環境基準を満たす操業をグローバルに

行うという経営方針をとることを決定した場合，当該取締役に善管注意義務違反による責任が生じうるだろうか。この点，判例は，経営判断については取締役に裁量を認め，判断の過程・内容に著しく不合理な点がない限り注意義務違反による責任を負わないという判断枠組み（**経営判断の原則**）を採用していることから，取締役には，上記方針の決定について，広い裁量権が認められる（それにより，利益が大幅に縮減したとしても，事実認識，決定の過程・内容に著しく不合理な点がない限り，義務違反は生じない）ことになろう。前述の CG コードや SDGs 等への対応は当該方針の合理性を肯定する方向に作用するものと考えられる。

　(c) **環境経営──敵対的買収への対抗措置の場合**　(b)の例において，任意で厳格な環境基準を満たす操業をグローバルに行っている A 社に対して，B 社が敵対的買収（対象会社〔A 社〕の経営陣の賛同を得ていない買収のことをいう）をかけてきたとする。これを受け，A 社の取締役会は，「B 社は各国において排出基準ぎりぎりで操業を行うことで，より多くの利益を生み出そうとする経営方針を採用していることから，ステークホルダーとの関係において A 社の企業価値が損なわれる」ことを理由として，予め導入していた敵対的買収への対抗措置を発動して B 社による買収を阻止することを決議した。これに対して，B 社が当該対抗措置の発動の差止めを求めて，訴えを提起したような局面において，裁判所はいかなる司法判断をすべきであろうか。

　この場合，経営者と会社との間に利益相反があるため，経営判断原則の適用はなく，取締役に日常の経営判断のような広い裁量はない。敵対的買収の局面で問われるのは，買収者，経営者のどちらがより高い企業価値を生み出すことができるかという点であるが，経営者側が，本当に「CSR（ステークホルダーへの配慮）」を理由として，敵対的買収の阻止を決定していたとしても，これには常に「自己保身目的ではないか（「CSR」は言い訳の飾りなのではないか）」という嫌疑が付いてまわる点が問題となる。

　この例に対する答えは，理屈の上では単純であり，「B 社の敵対的買収によって A 社の企業価値が向上するならば，その買収は実現されるべきであり，A 社の企業価値が減少するならば，B 社による買収は阻止されるべきである」ということになる。しかし，問題となるのは，そこでの「企業価値」とは何を意味する概念かということである。これについては，「企業価値＝株主価値（株主利益）」と捉える見解（「株主価値説」）と「企業価値＝会社価値（株主・従業員・地域住民等，様々なステークホルダーの利益も考慮したその総体）」と捉える見解（「会社価値説」）とがあり，日本では株主価値説が多数とされている（なお，「株主価値」も多義的な概念であるが，ここでいう「株主」≠「啓発的株主（Enlightened Shareholder）」と理解してほしい）。

　上記の例において，仮に A 社の主張が（「言い訳の飾り」ではなく）真実であった場合，会社価値説に立てば，株主だけでなく，地域住民等のステークホルダーの利益を考慮することが認められるので，B 社による買収が脅威として是認されようが，株主価値説に立つと，考慮すべき要素は株主の利益に限定されるため，他のステークホルダーの利益が害されるからといって，これが企業価値の減少とイコールにはならない。ここで留意すべきことは，B 社の買収が成功すると，株主に帰属する利益は（短期的には）増大するが，これは，会社価値のうち株主価値の割合が大きくなっただけであり，買収によって会社価値が増大したわけではないということである。さらには，A 社の長期的な会社価値は減少していると見ることもでき，上記の例において株主価値説から導かれる結論は好ましくないものといえる。

　それにもかかわらず，株主価値説が多数を占めているのは，現実には「A 社の主張が（「言い訳の飾り」ではなく）真実である」かどうかは自明でない場合がほとんどであり，すべての利益を考慮した結果，企業価値は増加するという判断過程を第三者が合理的・客観的に検証することは極めて困難だからである。

　そうであるとすれば，とりわけ，経営者に深

具体的には，以下の類型に該当すると認められる場合には，原則として，大規模買付行為が当社に回復しがたい損害をもたらすことが明らかである場合や当社株主全体の利益を著しく損なう場合に該当するものと考えます。

(ⅰ) 次の①から④までに掲げる行為等により株主全体の利益に対する明白な侵害をもたらすような買収行為を行う場合
　①株式を買い占め，その株式について会社側に対して高値で買取りを要求する行為
　②会社を一時的に支配して，会社の重要な資産等を廉価に取得する等会社の犠牲のもとに買収者の利益を実現する経営を行うような行為
　③会社の資産を買収者やそのグループ会社等の債務の担保や弁済原資として流用する行為
　④会社経営を一時的に支配して会社の事業に当面関係していない高額資産等を処分させ，その処分利益をもって一時的な高配当をさせるか，一時的高配当による株価の急上昇の機会をねらって高値で売り抜ける行為

(ⅱ) 強圧的二段階買収（最初の買付条件よりも二段階目の買付条件を不利に設定し，あるいは二段階目の買付条件を明確にしないで，公開買付け等の株式買付けを行うことをいいます。）など株主に株式の売却を事実上強要する客観的な蓋然性のある買収行為を行う場合

(ⅲ) 次の①から③までに該当する事由のいずれかが存在し，それにより，当社の社会的信用を含めた企業価値が著しく毀損しまたは当社の株主に著しい不利益を生じさせる客観的な蓋然性がある場合
　①大規模買付者による支配権取得後の経営方針や事業計画等が著しく不合理または不適当であること
　②大規模買付者による支配権取得後の経営方針や事業計画等について環境保全・コンプライアンスやガバナンスの透明性の点で重要な問題を生じる客観的な蓋然性があること
　③大規模買付者に関する情報開示が当社の株主保護の観点から見て十分かつ適切になされない客観的な蓋然性があること

　　（中略）

(4) 特別委員会の設置および検討
　本方針において，大規模買付者が大規模買付ルールを遵守したか否か，大規模買付行為が当社に回復しがたい損害をもたらすことが明らかである場合や当社株主全体の利益を著しく損なう場合に該当するかどうか，そして大規模買付行為に対し対抗措置をとるべきか否か，その判断にあたり株主意思確認総会を開催するか否か，および発動を停止するべきか否かの判断に当たっては，取締役会の判断の客観性，公正性および合理性を担保するため，当社は，取締役会から独立した組織として，特別委員会を設置し，当社取締役会はその勧告を最大限尊重するものとします。特別委員会の委員は3名とし，社外取締役，社外監査役，経営経験豊富な企業経営者，投資銀行業務に精通する者，弁護士，公認会計士，税理士，学識経験者，またはこれらに準ずる者を対象として選任するものとします。なお，特別委員会規程の概要は別紙4，本方針継続後の特別委員会委員の氏名および略歴は別紙5のとおりです。
　取締役会は，対抗措置の発動，株主意思確認総会の開催もしくは不開催または発動の停止を決定するときは，必ず特別委員会に対して諮問し，その勧告を受けるものとします。特別委員会は，当社の費用で，当社経営陣から独立した第三者（財務アドバイザー，公認会計士，弁護士，コンサルタントその他の専門家を含む。）の助言を得たり，当社の取締役，監査役，従業員等に特別委員会への出席を要求し，必要な情報について説明を求めたりしながら，審議・決議し，その決議の内容に基づいて，当社取締役会に対し勧告を行います。取締役会は，対抗措置を発動するか否か，その判断にあたり株主意思確認総会を開催するか否か，および発動の停止を行うか否かの判断に当たっては，特別委員会の勧告を最大限尊重するものといたします。

上記(ⅲ)②では，「株主全体の利益を著しく損なう場合」として環境への悪影響が明示され，(4)では，経営者の恣意的な判断を防止するため，特別委員会に関する定めが設けられている。　　　　（出典：王子ホールディングスウェブサイト。下線は筆者による）

刻な利益相反が生じる敵対的な買収の局面では，株主価値説をデフォルト・ルール（初期設定のルール）として位置づけることは止むを得ないものと考えられる。しかしながら，他方で，経営者の恣意的な判断を防止するための仕組み等が整っていれば，会社価値説に基づいて企業価値を判断する（環境への悪影響を企業価値の減少として考慮する）ことも許され，一定の要件の下に対抗措置を適法と解する余地も認められよう（実際の例として，王子製紙の買収防衛策**12-7**を参照）。

　なお，米国では，多数の州において，取締役

Section 65: Good faith and prudence as defense
Section 65. A director, officer or incorporator of a corporation shall perform his duties as such, including, in the case of a director, his duties as a member of a committee of the board upon which he may serve, in good faith and in a manner he reasonably believes to be in the best interests of the corporation, and with such care as an ordinarily prudent person in a like position would use under similar circumstances. In determining what he reasonably believes to be in the best interests of the corporation, a director may consider the interests of the corporation's employees, suppliers, creditors and customers, the economy of the state, region and nation, community and societal considerations, and the long-term and short-term interests of the corporation and its stockholders, including the possibility that these interests may be best served by the continued independence of the corporation.

65条では，取締役が考慮することができる利益として，地域社会や社会的配慮が例示されている。 　　　　（下線は筆者による）

が義務を履行する際に，株主以外の利害関係者（従業員，顧客，供給者，地域社会など）の利益を考慮することを認める制定法（constituency statutes）が定められているが，これらは反企業買収法（antitakeover statutes）のひとつとして立法化されたという経緯がある（マサチューセッツ州会社法**12-8**参照）。

3 環境コンプライアンス体制の構築と取締役の責任

(1) 内部統制システムに関する会社法の規定

会社が小規模であれば，取締役自らが，個々の従業員の行動をチェックして，業務の適正を確保し，損失を未然に防止することも不可能ではないかもしれない。しかし，会社の規模が大きくなればなるほど，取締役に対して，他の取締役や従業員すべての行動を常に監視することを求めるのは難しくなる。そこで，学説・裁判例（大阪地判平成12年9月20日判時1721号3頁〔大和銀行事件〕）においては，善管注意義務の一内容として，ある程度以上の規模の会社の代表取締役には，会社の損害を防止するために，その事業規模・特性に応じた**内部統制システム**（リスク管理体制とも呼ばれ，その中には法令等の遵守を確実にするための組織的な仕組み〔コンプライアンス体制〕も含まれる）を整備する義務が存在すると解されてきた。

上記の学説・裁判例の考え方に基づいて，会社法は，すべての大会社に対して，会社の業務の適正を確保するために必要な体制の整備につ

いて決定することを明文で義務付け（会社法348条4項，362条5項，416条2項），取締役会設置会社の場合，これを取締役会の専決事項としている（同法362条4項6号，416条3項）。

これは，内部統制システムの整備に関する「決定」を大会社に義務付けるもの（「決定」義務）であって，「構築」義務を課すものではない。したがって，取締役会で「内部統制システムを構築しない」という決定をしても，会社法348条4項に違反するわけではない。しかし，会社の規模等に照らして構築が必要であるにもかかわらず，上記のような決定をすれば，取締役の善管注意義務違反が問題となろうし，構築した場合でも，その運用に瑕疵があれば同様の問題が生じ得ることとなる。

(2) 石原産業事件

(a) 事件の概要　大手化学メーカー石原産業株式会社（以下「I社」とする）は，産廃処理費を削減するため，平成10年9月頃から，チタン鉱石から出る廃酸汚泥の「リサイクル品」として，フェロシルト（以下「FS」とする）と称する土壌埋戻材を開発し，平成11年1月から生産を開始した。

取締役・四日市副工場長として，FSの開発・生産・管理・搬出において主要な役割を果たしていたY_1は，平成13年8月下旬，FSに土壌環境基準値を大幅に上回る多量の六価クロムが含まれていることを知ったが，当該事実を隠蔽し，搬出を続行した（これにより，Y_1は，

12-9 石原産業事件

【関係図】

Column

株主代表訴訟

　取締役が任務を怠り、会社に対して損害賠償責任を負う場合、その責任は、本来会社自身が追及すべきものである。しかし、役員間の同僚意識などから、その責任追及が行われない可能性（提訴懈怠可能性）があり、その結果、会社ひいては株主の利益が害されるおそれがある。そこで、会社法は、個々の株主に対して、会社のために取締役等に対する会社の権利を行使し、訴えを提起することを認めており、これを「株主代表訴訟」という（会社法 847 条 1 項）。

　米国では、会社が取締役から回収した賠償額の 25 ％程度が原告側弁護士の報酬となるため、弁護士にとって経済的魅力が大きいが、日本では勝訴原告側弁護士の得る報酬は多くないので、市民運動的性格の訴訟が多い。株主の立場から企業の違法行為を是正し、健全な企業活動を推奨する目的で 1996 年 2 月に大阪市で設立された市民団体として「株主オンブズマン」があり、石原産業事件の代表訴訟も同団体が手掛けている。

平成 19 年 6 月、懲役 2 年の有罪判決〔廃棄物処理法違反〕を受けた）。

　平成 17 年 6 月、岐阜県と三重県は、県内に埋設された FS から基準値を上回る六価クロムが検出されたことを発表し、同年 11 月、I 社は FS の全量撤去を命じられ、巨額の回収費用を支出した。

　そこで、I 社が Y₁ に対して 10 億円の損害賠償訴訟を提起したところ（甲事件）、I 社の株主 X らは、489 億円の損害賠償を求めて、甲事件に共同訴訟参加する（乙事件）とともに、Y₁ 以外の取締役らに対し、489 億円の損害賠償を求める**株主代表訴訟**（⇨**Column**）を提起した（丙事件）**12-9**。

　(b)　**大阪地裁判決（資料版商事法務 342 号 131 頁）の意義**　「主犯」である Y_1 に対して、大阪地裁が命じた賠償額は約 485 億円（FS 回収費用全額）である。これは、（当時のレートで）約 830 億円の大和銀行事件大阪地裁判決（大阪地判平成 12 年 9 月 20 日判時 1721 号 3 頁）、約 580 億円の蛇の目ミシン事件東京高裁判決（東京高判平成 20 年 4 月 23 日金商 1292 号 14 頁）に次ぐものとして、大きく報道された**12-10**。

　さらに、大阪地裁は、丙事件において、四日市工場長を務めていた経歴を有する取締役 2 名の責任を一部（A に損害額の 20 ％相当額〔約 97 億円〕、Y_5 に 50 ％相当額〔約 243 億円〕を）認めた。A も Y_5 も、FS に六価クロムが含まれていたことについて認識がなかったにもかかわらず、莫大な損害賠償金の支払いを命じられたことになり、実務では衝撃的に受け止められたかもしれない。なぜなら、日本システム技術事件において、最高裁は、不正が「通常容易に想定し難い方法」による場合、当該不正を見抜くことができなかった取締役に過失（内部統制構築義務違反）を認めない旨の判示をしており（最判平成 21 年 7 月 9 日判時 2055 号 147 頁）、本件 Y_1 の行為もかかる方法によるものだった（徹底した隠蔽工作がなされていた）とすれば、六価クロムの含有を認識しうべきであったとして、A・Y_5 に過失を認めることはできないからである。

　そこで、大阪地裁判決は、六価クロムの含有についての認識ではなく、品質マネジメントシステム（QMS：Quality Management System）に

元役員らに485億円命令
石原産業不法投棄 3人に賠償責任
大阪地裁

大手化学メーカー、石原産業（大阪市）による土壌埋め戻し材「フェロシルト」の不法投棄事件で、会社に損害を与えたとして、株主3人が当時の取締役ら21人に対し約830億円の支払いを求めた株主代表訴訟の判決で、大阪地裁は29日、元取締役ら3人の責任を認め、ほぼ全額の485億円、8400万円の支払いを命じた。

大阪（大阪市）で約830億円」の賠償を命じた大阪地裁判決。フェロシルト担当取締役だった元社長（72）と全役を確認したり、出荷を中止したりする義務を怠った」とし、50〜20%の賠償責任を負うとした。

石原産業の話　認定金額の大きさは問題の重大性を表すと認識しており、教訓を生かし、経営改革に取り組んでいく。

元工場長（死亡、遺族3人が訴訟継承）について、「ミシン工場の元社長らにも、同社が定めた品質管理システムに沿って製品が開発されたかを確認しなかった過失などを認定。「有害物質を含む廃棄物処理法違反で実刑が確定した四日市工場長（74）＝廃棄物処理法違反罪で実刑＝は「巨額の回収費用がかかると承知していたのに出荷し続けた」として、最高で全額分についての巨額損失事件で7億75

廃棄物と認識しながら、安全性を確認しながら、出荷

松田亨裁判長は判決理由で、製造に直接関わった旧大和銀行の賠償をめぐる訴訟判決を同社に賠償するよう求めた東京高裁判決に次ぐ高額判決とみられる。

※は「当時のレート00万円」（当時のレート）。

（日本経済新聞 2012 年 6 月 30 日朝刊）

ISO のマネジメントシステム

1987 年, ISO（国際標準化機構）は, ISO9001 を含む, 品質マネジメントおよび品質保証のための一連の国際規格を誕生させた。そして, 「持続可能な開発」の理念を背景として, 「品質」分野において成功したモデルを「環境」の分野においても適用させようとする考え方が急速に進展し, 1996 年, ISO14001 を含む, 環境マネジメントに関する一連の規格が国際規格として発効した。さらに, ISO のマネジメントシステム規格は, 食品安全（ISO22000）, 情報セキュリティ（ISO27001）, エネルギー（ISO50001）など, 様々な分野に広がっているが, 認証の取得件数でみると, **品質マネジメントシステム（QMS：ISO9001）**と**環境マネジメントシステム（EMS：ISO14001）**が圧倒的多数を占めている。

ISO の規格は, 民間の規格であって（その点において, ②(3)(b)(c)で挙げたソフトロー〔公的主体が策定に関与した〕と性質を異にする）, 規格に従ってマネジメントシステムを構築するかどうかは各主体が自主的に判断して決めることができる。規格の認証を取得するためには, その要求事項を充足していることが必要である。両規格とも PDCA サイクルによる継続的改善が求められており, 認証を取得する企業には, トップマネジメントによるリーダーシップの下, Plan（「計画」）, Do（「支援」「運用」）, Check（「パフォーマンス評価」）, Act（「改善」）の仕組みが整っていることが求められる。

関する確認・調査義務違反を理由として, A・Y₅ の責任を肯定した。I 社の四日市工場は, 国際基準（ISO9001⇨*Column*）に準拠した QMS 認証を取得し, 厳格な品質保証体制を設けていたにもかかわらず, QMS 所定のプロセスに基づく確認・調査を怠って, その体制を実効的に機能させなかったという点に過失を認めたわけである。

ISO9001 は民間の任意規格であり, 法によって取得が義務付けられているわけではないが, 認証取得を選択した以上は（内部統制システムの一部として）所定のプロセスに準拠した確認・調査を行うことが取締役の善管注意義務の一内容となることが, 本判決によって明らかにされたといえる（なお, 大阪地裁判決で問題となったのは ISO9001 であったが, I 社は ISO14001 も取得しており, ISO14001 の要求事項に準拠した業務プロセス違反が認定されれば, 環境マネジメントシステム（EMS：Environmental Management System）所定のプロセスに基づく確認・調査義務違反に基づく責任も問題となり得たものと考えられる）。

換言すれば, ISO によるマネジメント規格はソフトローとして善管注意義務の判断基準を底上げする方向へ進んでいるということができ, トップマネジメントのコミットメントが強化された改訂 ISO 規格（2015 年）は, 上記の方向性をさらに進めるものとして, 評価することができよう。

近年においても, 相次ぐ環境不祥事（排ガス・燃費データの改ざん事件等）を受け, 環境コンプライアンス体制のあり方に注目が集まっている。上記のような方向性を踏まえれば, 実務における環境コンプライアンスの重要性は, 今後より高まっていくものと考えられる。

参考文献

- 神作裕之ほか「座談会・いまなぜ CSR なのか」法律時報 76 巻 12 号（2004 年）4 頁
- 吉川栄一『企業環境法〔第 2 版〕』（上智大学出版, 2005 年）

Chapter 13 環境マーケットが企業活動をみつめる
——ESG 投資の拡大と法的課題

多様化・重層化している地球環境問題を解決するためには，法令に基づいた直接的規制だけでは不十分であり，環境負荷の少ない持続可能な社会へと社会構造の転換を図っていく必要がある。

そこで，お金の流れを司り，経済活動全般の血流として実体経済（商品やサービスの生産・販売や設備投資など，金銭に対する具体的な対価が伴う経済活動）を支えている金融経済（実体経済から派生した金利や，金融取引・信用取引など，資産の移動自体がもたらす利益の総体）のあり方も，環境など社会的課題への配慮を前提としたものに変えていくことが必要である。

本章では，環境等に配慮したお金の流れを広めていくうえで重要となる投資家（株主）の役割に焦点を当てる。**1**では，投資における非財務情報の重要性の高まりについて言及したうえで，ESG 投資（ESG〔環境（Environment），社会（Social），企業統治（Governance）〕に対する企業の取組み状況を分析・評価して，投資対象企業を選別する投資手法⇨*Column*）を促進するための機関投資家を対象としたソフトローについて概説する。**2**では，各論として，E（環境）情報の中でも最重要とされる気候変動リスク **C-25** をめぐる投資家の動向について取り上げたうえで，**3**において，日本における課題を指摘する。

1 機関投資家と ESG 投資

(1) 投資における非財務（ESG）情報の重要性の高まり

会社の財政状態・経営成績等を定量的な数値で示した情報を「財務情報」といい，経営戦略・経営課題，リスクやガバナンスに係る情報等のように，定量的な数値では表現されないが，将来業績予測に資する情報のことを「**非財務情報**」という（ESG に関する情報〔ESG 情報〕は非財務情報に含まれる）。**13-1** は，非財務（ESG）

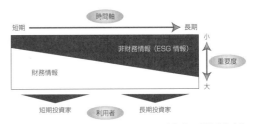

13-1 投資の時間軸と非財務情報の重要度

（出典：環境省資料）

Column

SRI と ESG 投資

社会的責任投資（Socially Responsible Investment：SRI）の源流はキリスト教にあるといわれる。すなわち，1920 年代から，アメリカやイギリスの教会においては，余剰資金を運用する際，酒・タバコ・ギャンブルに関わる企業を投資先から除外する方針がとられていた（第一世代）。その後，1970 年代より，SRI の関心は，差別撤廃・反戦・消費者問題・環境問題に及ぶようになり，SRI の担い手も教会だけでなく，労働組合や年金基金などが加わるようになった（第二世代）。さらに，1990 年代以降，CSR を適切に評価することでより良い投資成果を生む合理的な投資行動（第三世代）として，（とくに後述する PRI の策定を契機に）ESG 投資が拡大するに至っている。

第一・第二世代の SRI は「特定の投資家による特定の投資行動」と見られがちであったが，ESG 投資は，特定の投資家ではなく，全ての機関投資家に関わる点において大きな違いがある。そこで，第一・第二世代の SRI のみを「SRI」と呼んで，ESG 投資と区別することも少なくない。

情報がどのような場面で重要になるかを示した図である。横軸は企業分析・投資判断の（長期的に見るか，短期的に見るかという）時間軸，縦軸が投資判断における情報の重要度を表しており，投資の視点が長期になれるにつれて，非財務情報の重要度が高まっていくのが分かる。

こうした考え方（に基づく ESG 投資の拡大）は，CSR の性質の変容（⇨*Chapter 12*）を反映したものとみることができよう。

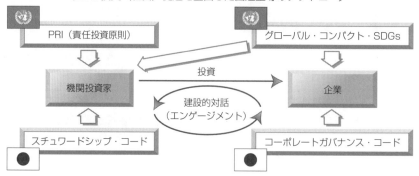

13-2 機関投資家・企業を対象とする国内外のソフトロー

〔ESG 投資（経営）促進を企図した国連主導のソフトロー〕

〔中長期的企業価値向上を企図した国内のソフトロー〕

Column

スチュワードシップの起源

　一般に，他人に代わってその事務や財産管理を取りしきる者（管理人，代理人，世話人，幹事，事務長）を steward といい，元来は，中世の英国において，荘園領主に代わり事務を取りしきる者（財産管理人）という意味で用いられた概念とされる。stewardship とは，steward としての心構え（預かった資産を適正に管理・運用すること）をいい，これが機関投資家の責務に対して用いられる場合は，機関投資家に資金を提供する投資家のために，資産を注意深く管理し，投資先企業の企業価値を高めるために，対話（エンゲージメント）などを行うことをいう。機関投資家の stewardship について，英国では，過去 20 年以上にわたって，そのあり方が議論されてきており，2010 年にスチュワードシップ・コードが成立した。わが国のスチュワードシップ・コードは英国のコードを参考にして作られたものである。

---

(2)　機関投資家を対象とした ESG 投資促進のためのソフトロー

　(a)　スチュワードシップ・コード　　中長期的企業価値向上を企図した国内のソフトローとして，上場会社を対象としたものがコーポレートガバナンス・コードであるが（**Chapter 12** および**13-2**参照），上場会社等に対して投資を行っている**機関投資家**（生命保険会社や年金基金など，顧客から拠出された多額の資金を，株式や債券で運用・管理する大口の法人投資家）を対象としたものが，**スチュワードシップ・コード**（金融庁に設置された検討委員会により 2014 年に策定，17 年に改訂）である。

　すなわち，スチュワードシップ・コードは，機関投資家が，顧客・受益者と投資家企業の双方を視野に入れ，「責任ある機関投資家」としてスチュワードシップ責任を果たすにあたり有用と考えられる諸原則を定めるものである（⇨**Column**）。ここでスチュワードシップ責任とは，機関投資家が，投資先の日本企業やその

事業環境等に関する深い理解に基づく建設的な「目的を持った対話」（エンゲージメント）などを通じて，当該企業の企業価値の向上や持続的成長を促すことにより，顧客・受益者の中長期的な投資リターンの拡大を図る責任をいう。

　スチュワードシップ・コードは 7 つの原則**13-3**および各原則に関する指針から構成され，CG コードと同様に，Comply or Explain（⇨**Chapter 12**）のアプローチを採用している。一定の上場会社に対して CG コードの適用が上場規程によって定められているのに対して，スチュワードシップ・コードの場合，機関投資家による署名は任意である。

　ESG 投資との関係で注目すべきは，指針 3-3**13-4**において，機関投資家が把握すべき内容として，ESG 要素の考慮が（例示としてではあるが）明示的に言及されていることである。

　(b)　責任投資原則　　2005 年，アナン国連事務総長のリーダーシップの下，世界各国の大手機関投資家に対して，投資の分析・評価にあ

13-3　スチュワードシップ・コード（原則）

投資先企業の持続的成長を促し，顧客・受益者の中長期的な投資リターンの拡大を図るために，

1. 機関投資家は，スチュワードシップ責任を果たすための明確な方針を策定し，これを公表すべきである。
2. 機関投資家は，スチュワードシップ責任を果たす上で管理すべき利益相反について，明確な方針を策定し，これを公表すべきである。
3. 機関投資家は，投資先企業の持続的成長に向けてスチュワードシップ責任を適切に果たすため，当該企業の状況を的確に把握すべきである。
4. 機関投資家は，投資先企業との建設的な「目的を持った対話」を通じて，投資先企業と認識の共有を図るとともに，問題の改善に努めるべきである。
5. 機関投資家は，議決権の行使と行使結果の公表について明確な方針を持つとともに，議決権行使の方針については，単に形式的な判断基準にとどまるのではなく，投資先企業の持続的成長に資するものとなるよう工夫すべきである。
6. 機関投資家は，議決権の行使も含め，スチュワードシップ責任をどのように果たしているのかについて，原則として，顧客・受益者に対して定期的に報告を行うべきである。
7. 機関投資家は，投資先企業の持続的成長に資するよう，投資先企業やその事業環境等に関する深い理解に基づき，当該企業との対話やスチュワードシップ活動に伴う判断を適切に行うための実力を備えるべきである。

13-4　スチュワードシップ・コード指針 3-3

3-3. 把握する内容としては，例えば，投資先企業のガバナンス，企業戦略，業績，資本構造，事業におけるリスク・収益機会（社会・環境問題に関連するもの*を含む）及びそうしたリスク・収益機会への対応など，非財務面の事項を含む様々な事項が想定されるが，特にどのような事項に着目するかについては，機関投資家ごとに運用方針には違いがあり，また，投資先企業ごとに把握すべき事項の重要性も異なることから，機関投資家は，自らのスチュワードシップ責任に照らし，自ら判断を行うべきである。その際，投資先企業の企業価値を毀損するおそれのある事項については，これを早期に把握することができるよう努めるべきである。

*ガバナンスと共に ESG 要素と呼ばれる。

（出典：スチュワードシップ・コードに関する有識者検討会「『責任ある機関投資家』の諸原則≪日本版スチュワードシップ・コード≫」）

たって「持続的発展」を組み込むための原則の策定が呼びかけられ，2006 年 4 月に**責任投資原則**（Principles for Responsible Investment：PRI）**13-5**が公表された。公表直後，2 兆ドルの資金を有する機関投資家が署名し，PRI は ESG 投資の広まりに大きな影響を及ぼした。PRI の署名機関は年々増加傾向にあり，2016 年時点で 43 か国から 1575 機関の署名が集まり，それらの機関の合計運用資産残高は 62 兆ドル超にのぼる。従来，日本の PRI 署名機関は少なく，欧米に比較して，ESG 投資の取り組みが立ち遅れていたが，2015 年に GPIF（年金積立金管理運用独立行政法人）がPRIに署名したのを契機に，PRI 署名機関は急増しており，ESG 投資も拡大傾向にある**13-6**。

2　E（環境）情報の重要性──気候変動リスクが企業経営に及ぼす影響

E（環境）情報の中で，機関投資家が最も注目している情報が気候変動リスク情報である。

⑴　気候変動リスクが金融セクターに及ぼす影響

2015 年 4 月，G20 財務大臣・中央銀行総裁会議において「我々は，金融セクターが気候関連問題をどのように考慮することができるかを検討するために，公共および民間部門の参加者を招集するよう金融安定理事会（FSB：Financial Stability Board）に要請する」旨の声明が出された（⇨*column* 参照）。

・Principle 1: We will incorporate ESG issues into investment analysis and decision-making processes.（私達は投資分析と意思決定のプロセスに ESG の課題を組み込みます。）
・Principle 2: We will be active owners and incorporate ESG issues into our ownership policies and practices.（私達は活動的な〔株式〕所有者になり，〔株式の〕所有方針と〔株式の〕所有慣習に ESG 問題を組み入れます。）
・Principle 3: We will seek appropriate disclosure on ESG issues by the entities in which we invest.（私達は，投資対象の主体に対して ESG の課題について適切な開示を求めます。）
・Principle 4: We will promote acceptance and implementation of the Principles within the investment industry.（私達は，資産運用業界において本原則が受け入れられ，実行に移されるように働きかけを行います。）
・Principle 5: We will work together to enhance our effectiveness in implementing the Principles.（私達は，本原則を実行する際の効果を高めるために，協働します。）
・Principle 6: We will each report on our activities and progress towards implementing the Principles.（私達は，本原則の実行に関する活動状況や進捗状況に関して報告〔開示〕します。）

（出典：金融庁資料。訳（　　）は金融庁の仮訳による）

13-6 各国の ESG 投資の投資残高

（単位：兆円）

	2012	2014	2016
欧州	1,054	1,297	1,449
米国	450	791	1,050
カナダ	71	88	131
オーストラリア・NZ	16	18	62
アジア（日本を除く）	5	5	6
日本	0	1	57
合計	1,596	2,200	2,755

※JSIF が GSIR の数値を１米ドル＝120.37円で換算

（出典：日本サステナブル投資フォーラム『日本サステナブル投資白書2017』）

2015年12月，上記声明における要請に応えて，気候関連財務情報開示タスクフォース（The FSB Task Force on Climate-related Financial Disclosures：TCFD）が設立され，数次の中間報告とパブリック・コメントを経て，2017年6月に最終報告書が公表された。同報告書では，債券や株式を発行する全ての組織に対して，気候関連情報につき，一般的な財務報告において開示を行うよう推奨がなされ，組織運営における中核的要素として，「企業統治」（governance），「戦略」（strategy），「リスク管理」（risk management），「指標と目標」（metrics and targets）の4つの要素に着目し，各要素について，推奨される開示事項（Recommended Disclosures）が示されている **13-7**。これには「2℃またはそれを

下回る異なる気候関連シナリオを考慮して，当該組織の戦略のレジリエンス（強靱性，対応能力）を説明する」ことが含まれており，重要な推奨開示項目の1つと位置付けられている。

(2) 気候変動問題をめぐる機関投資家の動き

(a) CDP（旧 Carbon Disclosure Project）

2000年に発足した Carbon Disclosure Project は，気候変動によってもたらされる企業価値や企業活動への影響に対応するための，株主と企業の永続的な関係作りを促進するために組織された NPO 団体であり，投資先企業の気候変動リスクを把握するために，アンケートの実施等を行っている。第1回目の調査（2002年）では，世界の時価総額上位500社に対して，温室効果ガス削減に関するアンケート調査が実施され，総資産4.5兆ドルを超える35の機関投資家が参加した。その後，参加する機関投資家の数は年々増加し，2015年の時点で，運用資産95兆ドルの822機関が，全世界の5500社以上の企業から回答を得ている。なお，活動テーマを森林や水等にも広げたことから，団体名を（今まで略称として使っていた）CDP と変更したが，活動の中心は気候変動である。

CDP と TCFD とは協力関係にあり，2018年の気候変動に関する質問書は，TCFD 最終報告書の提言を反映した内容となる。したがって，あくまで民間主導の任意開示ではあるが，2018

Figure 4

Recommendations and Supporting Recommended Disclosures

Governance	Strategy	Risk Management	Metrics and Targets
Disclose the organization's governance around climate-related risks and opportunities.	Disclose the actual and potential impacts of climate-related risks and opportunities on the organization's businesses, strategy, and financial planning where such information is material.	Disclose how the organization identifies, assesses, and manages climate-related risks.	Disclose the metrics and targets used to assess and manage relevant climate-related risks and opportunities where such information is material.

Recommended Disclosures

Governance	Strategy	Risk Management	Metrics and Targets
a) Describe the board's oversight of climate-related risks and opportunities.	a) Describe the climate-related risks and opportunities the organization has identified over the short, medium, and long term.	a) Describe the organization's processes for identifying and assessing climate-related risks.	a) Disclose the metrics used by the organization to assess climate-related risks and opportunities in line with its strategy and risk management process.
b) Describe management's role in assessing and managing climate-related risks and opportunities.	b) Describe the impact of climate-related risks and opportunities on the organization's businesses, strategy, and financial planning.	b) Describe the organization's processes for managing climate-related risks.	b) Disclose Scope 1, Scope 2, and, if appropriate, Scope 3 greenhouse gas (GHG) emissions, and the related risks.
	c) Describe the resilience of the organization's strategy, taking into consideration different climate-related scenarios, including a 2°C or lower scenario.	c) Describe how processes for identifying, assessing, and managing climate-related risks are integrated into the organization's overall risk management.	c) Describe the targets used by the organization to manage climate-related risks and opportunities and performance against targets.

Strategy（戦略）のc）において，本文において記載したシナリオ分析の開示が推奨されている。

（出典：Task Force on Climate-related Financial Disclosures (TCFD), Final Report: Recommendations of the Task Force on Climate-related Financial Disclosures (June 2017)）

※2081～2100年の世界の年間平均地上気温の1850～1900年（産業革命以前）の年間平均地上気温に対する上昇幅

（出典：キリングループ「環境報告書2018」）

年より, CDP から送付される質問書によって, 世界の大手企業 6300 社は TCFD の提言に則った情報開示が求められるようになる。

(b) 気候変動に関するグローバル投資家連合 (GIC) 2000 年代初頭から, 各地域において結成された気候変動に関する機関投資家団体が,「気候変動に関するグローバル投資家連合 (Global Investor Coalition on Climate Change：GIC)」という国際ネットワークを形成し, 資本の適切な配分を目指す機関投資家の立場から気候変動問題への政策提言を行っている。2017 年 7 月, GIC は G20 財務省・中央銀行総裁会議にパリ協定 (⇨***Chapter 14***) 遵守を求めるレターを送付し, 同レターには, 390 の機関投資家 (運用総額 22 兆ドル) が賛同の署名をしている。

(c) Climate Action 100＋ 2017 年 9 月, PRI と GIC を構成する 4 団体によって, 気候変動対応を世界規模で推進するための新たな 5 か年イニシアティブ「Climate Action 100＋」が発足した。これは, 各機関が結束し, 機関投資家が他の機関投資家と協働して, 企業との対話を行う (集団的エンゲージメントを行う) ためのものであり, 資産総額 30 兆ドルを超える 256 の機関投資家が署名している。

エンゲージメントは, 温室効果ガスの排出量が多い 100 社強を対象とするものである。対象企業の取締役会および経営責任者に対して, ①気候変動リスクおよび機会に関して, 取締

役会の説明責任および監督を明確に関連付けるための強力なガバナンスフレームワークの実施, ②世界の平均気温の上昇を産業化前の 2 ℃未満に抑えるというパリ協定の合意 (2 ℃目標) にしたがって, バリューチェーン (企業が製品を設計, 生産, 販売, 配送, サポートするために遂行する活動の集合) 全体の温室効果ガス排出を削減するための措置を講じること, ③投資家が, 気候シナリオ (2 ℃を大きく下回るシナリオを含む) に対する企業の事業計画の頑健性 (robustness) を評価できるように, TCFD の最終勧告等にしたがって企業の情報開示を向上させることを要求している。

(3) 機関投資家による株主提案の動向

Sullivan & Cromwell (ニューヨークに本部がある国際的な法律事務所) の報告書によると, 2017 年度の米国企業に対する**株主提案** (株主総会において, 株主によって提出される議案) 数は 437 件であった。そのうち 59 件 (13.5%) が気候変動を含む環境問題に関する株主提案であったところ,「ほとんど全ての社会的政治的株主提案は通常大差で否決されるが, 環境問題 (とくに気候変動) に関する株主提案の成功率はここ数年で高まっている。すなわち, 2015 年においては, 平均賛成率は 18% であり, 可決された提案は皆無であったが, 2017 年においては, 平均賛成率は 29% に上昇し, 3 つの提案

E. SOCIAL/POLITICAL SHAREHOLDER PROPOSALS

	SOCIAL/POLITICAL PROPOSALS					
	Total Shareholder Proposals Voted On		Average % of Votes Cast in Favor		Shareholder Proposals Passed	
	2017 YTD	2016	2017 YTD	2016	2017 YTD	2016
Political issues	60	73	26%	26%	0	2
Environmental issues	59	67	29%	24%	3	1
Anti-discrimination	28	23	15%	13%	0	2
Human rights issues	23	21	7%	8%	0	0
Sustainability report	10	15	29%	30%	1	1
Health and safety	8	10	17%	11%	0	0
Animal rights	3	3	12%	37%	0	1
Other social policy issues	5	6	4%	11%	0	0

（出典：Sullivan & Cromwell LLP, 2017 Proxy Season Review（July 17, 2017））

（全てエネルギー会社の気候変動に関する提案）が可決されている」とされている**13-8**。

(4) 機関投資家によるポートフォリオの温室効果ガス管理

（a）モントリオール・カーボン・プレッジ（The Montréal Carbon Pledge）　2014 年 9 月 25 日にモントリオールにおいて開催された PRI の会議において，PRI と国連環境計画・金融イニシアティブ（UNEP-FI）（持続可能な金融を推進するという使命をもって，1992 年の地球サミットを契機に設立された，国連環境計画と世界的な金融セクターとの間のパートナーシップ。120 を超える金融機関が，今日における ESG の課題，ESG が資金調達において重要な理由，およびそれらに積極的に参加する方法を理解するために，国連環境計画と協力している）の支援の下で発足した自主的な取り組みである。署名した機関投資家は，年次ベースでその投資ポートフォリオ（投資において，保有する〔保有を予定している〕資産の組み合わせやその比率のこと）のカーボン・フットプリント（温室効果ガスの排出量）を測定・公開することが求められる。PRI 署名機関に限られず，全ての機関投資家が署名でき，2017 年 11 月現在，世界各国の 140 超の機関投資家（日本からは 3 機関）が署名している。

（b）ポートフォリオ脱炭素化連合（The Portfolio Decarbonization Coalition：PDC）

PDC は，徐々にポートフォリオの脱炭素化を進めることを誓約する投資家が結集することによって，温室効果ガスの排出量を削減するた

> ### Column
> **エクソンモービル社に対する株主提案**
>
> 　2017 年 5 月，米国の総合エネルギー企業であるエクソンモービル社の株主総会で「気候変動規制の業績への影響をより詳しく開示せよ」とのエクソン社の意向に反する株主提案への賛成率が 62％ に達した（前年〔38％〕から大幅に高まった）。事態を決定づけたのはブラックロックやバンガードなどの米有力機関投資家であり，米ニューヨーク州退職年金基金などが続けてきた株主提案に今年から賛成にまわったためとされる。同年 12 月，エクソン社は，パリ協定によって会社がどう影響を受けるか，はっきり示す意向を表明し，低炭素の未来に向けた会社のポジショニングについても説明することを約束した。

めの取り組みである。2014 年，UNEP-FI，AP4（スウェーデンの公的年金基金の 1 つ），アムンディ（欧州最大の運用資産額を有する資産運用会社）および CDP によって共同設立された。現在，8000 億ドルを超える 32 の機関投資家が署名している。

(5) ダイベストメントの動向

（a）炭素予算と座礁資産　「炭素予算」（carbon budget）とは，「2℃目標」を達成するためには，化石資源（石油・石炭等）の確認埋蔵量の全てを燃やすことはできない（利用可能な範囲は総量の 3 分の 1～5 分の 1 である）という概念である。また，「座礁資産」（stranded asset）とは，化石燃料向けの投資資産が，投資の意思決定時点で想定されていた経済的寿命を迎えるよりも前に，脱炭素経済への移行に伴う市場と規制環境の変化の結果，経済的リターンが得られなくなることをいう。自ら保有する資産が，

13-9 ダイベストメントを報じる新聞記事

ノルウェー政府年金基金は石炭火力の多い日本の電力への投資を見直している（福島県南相馬市の原町火力発電所）

化石燃料やたばこ企業 逆風

「環境・社会・統治」重視の波

欧米800社 投資撤退

欧米の機関投資家が、化石燃料やたばこなど環境や健康への負荷が高い企業からの投資の引き揚げを相次いで表明している。昨年末以降、米サンフランシスコ市職員退職年金基金（SFERS）や仏保険大手アクサなどが方針を明らかにした。2日までに撤退を表明した運用機関数は800社を超え、1年前から2割増えた。世界の投資家の間で大きな潮流になっているESG（環境、社会、企業統治）投資の一環で、対象企業も対応を迫られそうだ。

「化石燃料への投資を削減することで年金基金の利益を守る」。1月24日に電力会社や石油などの化石燃料関連企業への投資比率を下げることを決めたSFERSは、その理由をこう表明した。指数連動するパッシブ型で運用する約10億ドル（1100億円）の資産について、投資する企業全体の二酸化炭素（CO_2）排出量の半分に削減するという。

10月までに投資がある対象企業が事業内容を転換する余地ややプロセスを設定する。「CO_2排出量が少ない」という理由から組み入れる「責任投資原則（PRI）」を国連が採択。機関投資家の間でも導入の動きが広がった。

欧米市場で「ダイベストメント（投資撤退）」の動きが高まりリターンへの投資で高いリターンへの投資で高い状況を得られる。10月までに投資が少ない。「これまでに対象企業のリターンへの投資が変わるだろう」と記す。日本投資環境研究所の上田亮子主任研究員は「環境などに害をもたらすような企業を投資から外していく動きだ。20日に世界の持続可能な発展を目指してESGの考え方を投資判断に組

化石燃料などからの投資撤退を表明した主な機関投資家

	機関投資家名	対象	撤退金額
2016年4月	ノルウェー政府年金基金	石炭	―
17年11月	スイス保険チューリッヒ	石炭	2兆2000億円
	英保険ロイズ	石炭	―
12月	仏保険アクサ	石炭	3240億円
18年1月	ニューヨーク市職員退職年金基金など	化石燃料	5500億円
	オランダ公務員総合年金基金	たばこ・核兵器	4455億円
	サンフランシスコ市職員退職年金基金	化石燃料	1100億円の運用額から削減

（注）―は金額非開示

オランダ公務員総合年金基金（ABP）は1月11日、たばこや核兵器を製造するメーカーの株を年以内に全て売却すると公表した。引き揚げる投資額は約33億ユーロ（4455億円）に達する。ABPは「人」と呼ばれる動きだ。06年に世界の持続可能な発展を加える可能性がある」と説明する。環境団体「350・

（日本経済新聞 2018年2月3日朝刊）

炭素予算を原因として座礁資産化することを懸念して、近年、機関投資家の間で、従来の投資方針を見直す動き（(b)のダイベストメント）が活発化している。

(b)　**ダイベストメント（divestment）**　　ダイベストメントは「出資の引き上げ（＝投資の撤退）（disinvestment）」と同義であるが、近年、化石燃料関連企業に対する出資の引き上げを意味するものとして使われ始めた表現である。

ダイベストメントを表明した機関投資家は2018年2月時点で831社に達し、運用総額は6兆ドル強と1年前（約5兆ドル）から2割増加し、この中には、ノルウェーや米国の公的年金や、スイスのチューリヒ、フランスのアクサといった保険会社も含まれている **13-9**。

3 日本の現状と今後の課題

(1)　企業による気候変動リスク対策の遅れ

(a)　**温暖化対策を評価する指数の低迷**　　国際エネルギー機関（IEA）によると、日本の1キロワット時あたりのCO_2排出量は1990年に452グラムで、CO_2を出さない原子力発電の比率が高いフランスに次ぐ少なさだった（米国・英国・ドイツは600〜700グラムほどであった）が、2014年は日本が556グラムに増加したのに対し、米独英はいずれも400グラム台に下げている。また、国内総生産（GDP）あたりのCO_2排出量も、欧米や中国が減らしているのに対し、日本はほぼ横ばいとなっている。このように、他国が脱化石燃料と省エネ対策を進めた結果、日本は「ウサギとカメ」のウサギになってしまったと指摘されている **13-10**。

(b)　**気候変動リスクに関する情報開示の遅れ**
石油・ガス・電気などのエネルギーに関連する企業の時価総額上位5社の有価証券報告書（2016年度）を対象とした調査研究（物江陽子＝大澤秀一「積極的な開示が求められる気候関連財務情報」大和総研調査季報28号31頁（2017年））によれば、5社全社が環境規制のリスクに言及しており、うち3社は気候変動リスクに言及して

いた（2社が「気候変動対策が石油製品の需要減少につながり，需要減少が財務や経営に影響を与えるリスクがある」旨，2社が「日本や他国が温室効果ガス排出規制や炭素税を導入することより，追加の費用負担や設備投資などが必要になり，財務や経営が影響を受ける」旨を開示していた）。しかし，いずれも政策リスクに関する定性的な記述にとどまり，2℃目標に言及している事例はなく，カーボンプライシング（炭素に価格付けをすることで，二酸化炭素〔CO_2〕の排出削減を促す施策の総称）の予測や投資判断への統合に言及している事例もなかった（グローバル上位1100社と比較して，日本企業における気候変動に関する情報開示は限定的である）と指摘されている。

(2) 今後の課題

以上のように，世界の投資家が気候変動リスクに対して積極的な対応を行っているなかで，日本の企業の温暖化対策は，今や他の先進諸国に大きく後れており，気候変動リスクに関する情報開示も消極的な状況にある。したがって，日本の投資家や企業は，中長期的な視点をしっかり持って情報収集することにより，こうしたグローバルな潮流や方向性，その背景にある問題意識等を「察知できず，取り残されるリスク」を回避することが肝要といえよう。

本章においてみてきたように，海外の機関投資家は，気候変動リスクに関して，積極的なスチュワードシップ活動を行っている。これにならって，日本の機関投資家にも，PRIに署名した機関投資家を中心として，気候変動リスクに関して効果的なエンゲージメントを実施することが期待される。

また，機関投資家がESG要素を考慮するためには，充実したESG情報の開示が必要であり，非財務情報の開示制度のあり方についても検討が必要であろう。

■参考文献

● 足達英一郎ほか『企業と投資家のためのESG読本』（日経BP社，2016年）
● 水口剛『ESG投資』（日本経済新聞社，2017年）

13-10　日本の温暖化対策の遅れを指摘する新聞記事

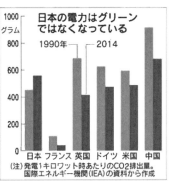

地球温暖化対策を評価する複数の指標で，日本は数値の悪化が止まらない。世界で急激に進むパラダイムシフトから取り残され，太陽光や風力といった再生可能エネルギー（3面きょうのことば）の普及や産業構造の転換が遅れているからだ。優れた省エネ技術や公害対策などで「環境先進国」といわれた日本の自画像は大きく揺らいでいる。

環境　後進国　ニッポン　上

脱CO_2 先頭から脱落

再生エネ普及で差

日本の電力はグリーンではなくなっている

（注）発電1キロワット時あたりのCO2排出量。国際エネルギー機関（IEA）の資料から作成

（日本経済新聞 2017年10月4日朝刊）

● 吉川栄一『企業環境法〔第2版〕』（上智大学出版，2005年）

Chapter 14 地球の危機に立ち向かう
──気候変動対処の法制度

1 気候変動問題

　今日は私たちが直面している環境問題の中には，一国では対処が困難な問題もみられ，国際法のルールが発展している。国際法とは，一言で言えば国際社会の法であり，主に国家間の関係を規律する。環境問題に関わる国際法のルールは，今日ではその多くは国家間の合意である条約の締結を通じて形成されるようになっている。そのようなルールが発展している環境分野のうち，本章と次章では，気候変動と海洋生物資源管理をとりあげる。

　本章で扱う**気候変動**（climate change）あるいは地球温暖化（global warming）は，地球規模の環境問題の代表的なものだといえる。気候変動とは気候の変化を意味するが，現在地球の平均気温は上昇傾向にあり 14-1 C-25 ，そうした温暖化に伴って，自然災害の増大，生態系

への悪影響，海面上昇，水や食料の不足，健康被害等の様々な深刻なリスクが指摘されている。これらのリスクの現実化が進めば，紛争や難民の発生等，国際秩序を不安定化させるおそれもある。今日の国際社会では，CO_2等の温室効果ガス（赤外線を吸収し地表を暖める効果をもつ気体）の排出といった人為的な活動が，このような温暖化の主たる要因に含まれると広く認識されており，温暖化の悪影響に備えるだけではなく，温暖化自体の進行を抑止することも重要な課題だと考えられてきた（⇨*Column*）。そうした国際的な取組みの形成と発展を主導してきているのが，次にみる国連気候変動条約体制である。

2 国連気候変動条約体制

(1) 気候変動枠組条約（1992年）
　気候変動に対処するために締結された最初の

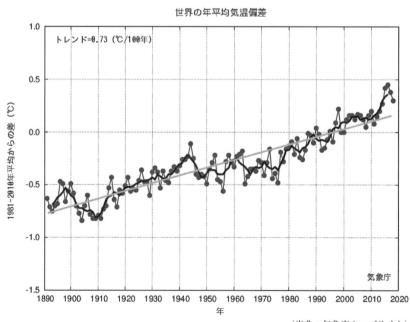

14-1 世界の年平均気温の変化

世界の年平均気温偏差

（出典：気象庁ウェブサイト）

「緩和」と「適応」

　気候変動に対しては大きく2つの対策がある。「緩和（mitigation）」策は温暖化を抑止する対策を指し、温室効果ガスの排出削減や、それらのガスの吸収源（森林等）の拡大等が挙げられる。「適応（adaptation）」策は温暖化による悪影響に備える対策を指し、海面上昇に対する堤防の建築、農産物の新種の開発、灌漑の整備等が含まれる。後者の適応については、他国の行動にかかわらず、各国には対策をとるインセンティブがあるといえるが、対策を講じる能力に限界のある発展途上国に対する支援等が国際的な課題となっている。

多数国間条約は、1992年に採択された**国連気候変動枠組条約**である。その名称が示す通り、この条約は、気候変動に対するその後の国際的な取組の基礎となっており、同条約の下で発展してきたルールや制度等の総体は、しばしば「国連気候変動条約体制（the UN Climate Change Regime）」と総称される。

　そもそも、条約によるルール形成においては、条約への国の参加を確保しつつ、問題解決に有効なルールをいかに発展させていくかが基本的な課題となる。条約は批准等の行為を通じて拘束されることに同意した国しか拘束しないが、たとえば温室効果ガスの厳しい排出削減をいきなり義務づけようとすれば、多くの国が当該条約への同意を控えるかもしれない。このように、条約参加の確保と有効なルール形成という2つの要請は必ずしも容易には両立しない。この課題に関する工夫のひとつが、当時既にオゾン層保護等に関して採用されていた「**枠組条約**」の締結である。環境分野でみられる枠組条約は、国の参加（同意）を広く確保することをまずは優先し、その後の科学的知見の発展や経済状況の変化等も踏まえながら、参加国（すなわち条約締約国）間の継続的な交渉を通じてさらにルールを発展させることを予定している。

　より具体的には、気候変動枠組条約は、主に以下のような規定から構成される。第1に、国際社会が目指すべき究極的な目的として、「気候系に対して危険な人為的干渉を及ぼすこととならない水準において大気中の温室効果ガスの濃度を安定化させること」を掲げ（2条）、その目的を実現するためのいくつかの一般的指針を定めている（3条）。たとえば、「**予防原則**」（科学的不確実性を費用対効果の高い措置をとらない理由としてはならない）や「**共通に有しているが差異のある責任**」（温暖化への対処は全ての締約国の責任ではあるが、温暖化への歴史的寄与や対策をとる能力の違いに鑑み、特に先進国が率先して対処すべきである）等の原則の採用が明文化され、ルールの形成や解釈の指針とされている。

　第2に、温暖化防止に関する取組みや協力に関わる義務も定められているが、その多くは抽象的な文言で定められ、あるいは手続的な性格（たとえば実施状況の報告等）を有するなど、多くの国にとって比較的受け入れやすい内容にとどまっている（たとえば、京都議定書〔⇨(2)〕に参加しなかった米国も、この枠組条約の締約国である）。特に温室効果ガスの排出の制限については、先進国等（枠組条約の附属書Iに掲載された国。経済開発機構〔OECD〕加盟国のほか旧ソ連・東欧諸国を含む）に対してのみ政策や措置を採用することを義務づけてはいるが、個々の国が達成すべき具体的な削減目標等は課していない。国際的なルールのさらなる発展は、その後の締約国間の交渉に委ねられている。

　第3に、条約締結後もそのように継続的にルールを発展させるため、必要な組織の設立に関する規定を含む。そうした組織のうち、締約国の代表が参加して定期的に開催される**締約国会議**（Conference of Parties：COP）**14-2**は、条約

14-2　締約国会議（COP15）の様子

（写真：時事）

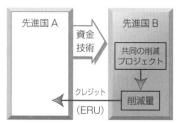
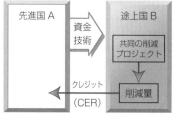
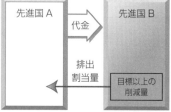

14-3 京都メカニズムの概要　注）この図の「先進国」には市場経済移行国も含まれる。

共同実施（JI）
（京都議定書6条）

クリーン開発メカニズム（CDM）
（京都議定書12条）

（国際）排出量取引
（京都議定書17条）

先進国同士が共同で事業を実施し，その削減分を投資国が自国の目標達成に利用できる制度

先進国と途上国が共同で事業を実施し，その削減分を投資国（先進国）が自国の目標達成に利用できる制度

先進国間で排出枠等を売買する制度

（環境省資料をもとに作成）

体制下における最高の意思決定機関であり最も重要である。締約国会議は，具体的なルール等を「決定」という形式で採択するほか，条約の改正の検討，さらには「議定書」と呼ばれる新たな条約の採択等も予定する。

このように，1992年に採択された枠組条約は，温室効果ガスの排出等に関する具体的な基準等の合意を直ちに目指すのではなく，むしろそのような基準を継続的に発展させるための基本的な枠組をさしあたり形成することに主眼を置いていた。

(2) 京都議定書（1997年）

枠組条約下での交渉の重要な成果の1つが，1997年のCOP3（第3回締約国会議）における京都議定書の採択である。同議定書の特に重要な内容として，第1に，先進国等（前述した枠組条約の附属書Ⅰに掲載された国）は，2008年から2012年までの期間（「第1約束期間」と呼ばれる）の温室効果ガス（二酸化炭素，メタン，一酸化二窒素，ハイドロフルオロカーボン，パーフルオロカーボン，六フッ化硫黄）の排出について，法的拘束力のある（つまり違反すれば国際法上の責任が生じる）国別の削減数値目標を負うこととなった。この数値目標は国際交渉を通じて設定され，たとえば日本は同期間の温室効果ガスの平均排出量を1990年（ハイドロフルオロカーボン等フロン類については1995年）の排出量を基準に6％削

減するものとされた（たとえばEUは8％減であった）。これに対して中国やインド等の発展途上国については，そのような国別の目標は設定されなかった。

第2に，上記の国別数値目標等の達成を促進・確保するため，様々な工夫が導入されている。たとえば，排出枠取引や共同実施，クリーン開発メカニズムといった制度を含むいわゆる「京都メカニズム」**14-3**の創設や，不遵守に対して制裁的な対応も予定する「遵守手続」の整備などである。前者の「京都メカニズム」のうち，たとえばクリーン開発メカニズムの制度の下では，発展途上国内で排出削減等のプロジェクトを実施することで，先進国等はその成果を自身の数値目標達成に利用できる。こうした制度が認められることにより，それらの国は，ただ単に自国内で削減等を図るよりも，より費用をかけずに目標の達成を図ることが可能となる。また後者の「遵守手続」の下では，数値目標に基づく管理の前提となる排出等の記録や報告に不遵守があった場合，「京都メカニズム」に参加する資格を失う等の決定がなされるほか，数値目標自体の不達成の場合には超過分の1.3倍の排出量が次期約束期間の数値目標に加算されること等が予定されている。他の環境条約の類似の手続では不遵守国に対する支援が重視される傾向にあるのに対し，上記のような制裁的対応も重視している点が京都議定書下の「遵守手

Column

環境条約の（不）遵守手続

　オゾン層保護に関するモントリオール議定書（1987年）を嚆矢として，近年の多数国間環境条約では，条約の不遵守に関する事案に対処し，履行を確保するための特別な手続を整備する場合があり，それらは不遵守手続あるいは遵守手続と呼ばれている。手続の詳細は条約により異なるが，一般的には協力的・非対立的な性格を有し，不遵守国との対話や支援等を通じて履行の促進を図るものが多い。その中で京都議定書下の手続が，一部の義務の不遵守に対して制裁的な対応を予定する理由として，それらの義務が先進国（市場経済移行国を含む）のみに課せられており，支援を要するような能力不足に不遵守の原因があるとは考えにくかった点や，排出管理がいい加減な国を京都メカニズムから排除する必要があった点等が挙げられる。

続」の特徴となっている（⇨**Column**）。

　なお京都議定書も，議定書自体で必ずしも全てのルールを定めているわけではなく，議定書の締約国会合等を設立することで，やはり継続的なルールの発展を予定していた。前述の「京都メカニズム」の細則や「遵守手続」も，議定書の締約国会合の決定を通じて整備されてきた。もっとも，議定書の締約国会合は枠組条約の締約国会議と同一の時期・場所で開催されるのが通常であり，さらに後述するパリ協定の締約国会合もこの点は同様である。そのため，報道等ではそれらをまとめてCOPと総称する場合もある。区別する場合には，京都議定書の締約国会合はCMP，パリ協定のそれはCMAと今日呼ばれている。

　第1約束期間の国別数値目標については，結局未達成の国はなかった。しかし，排出大国である米国は同議定書に参加しておらず，また目標達成が危ぶまれたカナダは約束期間中に議定書を脱退した。また，中国やインドのように排出量が増大しつつある国も含めて，そもそも発展途上国に対しては数値目標が設定されていない（**C-24**参照）。こうした状況を背景に，第1約束期間後の国際制度の在り方が強く問い直されることとなった。

　その後，京都議定書については，第2約束期間（2013年～2020年）の国別数値目標を設定する改正案が採択されたが，発展途上国はもちろ

んのこと，米国や日本など一部の先進国についても数値目標は設定されていない（またこの改正は正式に発効していない）。他方，枠組条約のCOP16が2010年に決定したカンクン合意においては，発展途上国も含めた全ての国が排出削減等に関する約束を自ら表明し，その内容や実施状況を国際的な検討あるいは審査の対象とするという制度の基本的な方向性が正式に確認された。京都議定書のように国際交渉を経て国別の数値目標が設定されるのではなく，基本的には各国が一方的に目標等を表明する点に特徴があり，その点を捉えてトップダウン型の手法からボトムアップ型の手法への転換と評されることもある。このような手法の転換は，その後2015年のCOP21で採択されたパリ協定においても，基本的には継承されることになる。

(3) パリ協定（2015年）

　パリ協定は，2020年以降の気候変動に対する国際的な取組を規律すべく，枠組条約の下で新たに採択された国際条約である**14-4**。同協定は，まず第1に，前述の枠組条約が定める究極目標を気温の観点から数値化し，産業革命以前からの地球の平均気温の上昇を2度よりも十分低く抑え，1.5度に抑える努力を追求するとの目的を明文化した（2条1項a）。この目的のため，世界の排出量のピークを最大限早期に実現し，その後速やかに削減を図ることで，今世紀後半には人為的な温室効果ガスの排出と森林等の吸収源による除去量との均衡を達成するとしている（4条1項）。パリ協定は，いわば「脱炭素社会」を世界が目指すことを明確にしたといえる。

　そして第2に，京都議定書とは対照的に，発展途上国も含めた全ての国が，温室効果ガスの排出削減等に関する個別の約束（「**自国が決定する貢献〔NDC〕**」と呼ばれる）を自ら作成・提出することとなっている。たとえば，日本が現在提出しているNDCによれば，2030年度までに2013年度比で26%の排出削減を達成するものとされている**14-5**。ただし，こうしたNDCを提出することや，その達成のために合理的な

	京都議定書	パリ協定
世界全体の長期目標	枠組条約の掲げる目的をさらに具体化するような規定はなし（ただし、枠組条約附属書Ⅰ国（先進国等）の排出全体を第1約束期間中に1990年比で最低5％削減するとの定めはあり）	平均気温の上昇を2度より十分低く抑え、1.5度を目指すよう努める
国別目標の設定の有無	枠組条約附属書Ⅰ国（先進国等）についてのみ設定	発展途上国も含め、全ての国について設定を予定
国別目標の設定方法	国際交渉を経て議定書の附属書で規定	各国が自ら策定・提出するNDCの中で設定
国別目標の拘束力	その達成は法的義務	NDCの提出等は義務だが、目標の達成自体は義務ではない
国別目標の改定	基本的には約束期間ごとに附属書の改正により行う	少なくとも5年ごとに各国はNDCの更新・提出を行う。新たに提出されるNDCは、以前のそれに比べて前進を示すものでなければならない

14-5　主要国のNDCが掲げる削減目標

中国	2005年比	2030年までにGDPあたりのCO₂排出を60〜65％削減
EU	1990年比	2030年までに40％削減
インド	2005年比	2030年までにGDPあたりのCO₂排出を33〜35％削減
日本	2013年度比	2030年度までに26％削減
米国	2005年比	2025年までに26〜28％削減

（2020年1月1日現在）
（NDC Registryに登録された各国のNDCをもとに作成）

手段を尽くすことは締約国の法的義務だといえても（後者については議論がある）、NDCの掲げる目標を達成すること自体は義務とされていない。この点も、京都議定書の下での国別数値目標との違いとなっている。

　各国が自身の約束を一方的に決定するというこうしたボトムアップ型の手法は、条約への国の参加が確保しやすいといったメリットがある一方、最大の課題は、気温上昇を2度以下に抑えるという全体目標の達成をいかに確保するのかという点にある。仮に現在各国が提出しているNDCが完全に実施されても、2100年には3度ほど上昇してしまうとの推計もみられる。つまり、現状では各国の掲げる約束の水準はおそらく不十分であり、引き続き水準の引き上げが必要な状況にある。この点につきパリ協定は、自らのNDCの実施・達成に関する情報等の提供を各国に求め、専門家や他国による検討の対象とすることで、各国の行動の透明性を高めるとともに（13条：透明性枠組）、パリ協定の目標の達成に向けた全体の進捗状況を5年ごとに検討する仕組みを設け（14条：グローバルストックテイク）、その結果を踏まえてNDCを基本的に5年ごとに更新・提出することを各国に求めている。つまり、各国の約束の水準を段階的に引き上げていくためのプロセスも制度化している（そのためパリ協定は、ボトムアップとトップダウンの手法を組み合わせたハイブリッド型と評されることも多い14-6）。その細則の整備は締約国会合に委ねられているが、パリ協定がその目標を達成できるかどうかは、このプロセスの成否如何によるところも大きい。

　もちろん、パリ協定の下でその目的を達成するには、京都議定書との基本的差異も踏まえつつ、また同議定書下での実際の運用に基づく教訓も生かしながら、従前の工夫を発展的に継承していくことも必要であろう。この点につき、パリ協定では、「京都メカニズム」に類似する制度の活用や、協議や支援等により履行を促進することを重視した「遵守手続」の整備も予定している。また、特に発展途上国による緩和策や適応策の実施には、引き続き国際的な支援が必要であり、さらなる資金の確保等が図られる必要があろう。

14-6 世界全体の長期目標達成に向けたサイクル

【NDC の提出・更新】（4 条）
・基本的には 5 年ごとに更新
・新たに提出する NDC は以前のものより前進していなければならない
・NDC には最大限高い野心を反映する

【透明性枠組】（13 条）
・各国は NDC の実施・達成に関する情報を定期的に報告
・各国の取組や実施状況の透明性を確保することで，国家間の信頼を醸成し，協定の実施を促進

【グローバルストックテイク】（14 条）
・2 度／1.5 度の長期目標の達成に向けて世界全体の進捗状況を評価する
・結果は各国が NDC を更新・強化する際の情報とする（NDC 更新の 2 年前に実施）

14-7 各温室効果ガスの特徴

温室効果ガス	地球温暖化係数*	用途	備考
二酸化炭素 CO_2	1	化石燃料の燃焼等	
メタン CH_4	23	稲作，家畜の腸内発酵等	
一酸化二窒素 N_2O	296	燃料の燃焼等	
クロロフルオロカーボン CFC／ハイドロクロロフルオロカーボン HCFC	数千〜数万	エアコン等の冷媒，建物の断熱材等	オゾン層破壊物質でもあり，モントリオール議定書下で規制
ハイドロフルオロカーボン HFC	数百〜数万	冷媒，建物の断熱材等	オゾン層破壊物質ではないが，2016 年改正によりモントリオール議定書の規制対象に
パーフルオロカーボン PFC	数百〜数万	半導体の製造プロセス等	
六フッ化硫黄 SF6	22,200	電気の絶縁体等	

＊地球温暖化係数（GWP）：ある質量の温室効果ガスが排出された後，一定期間に気候システムに与えるエネルギーを，二酸化炭素を基準に示したもの。各ガスの温暖化への影響を比較する際によく利用される指標である。

（経済産業省資料をもとに作成）

3 気候変動への対処に関わるその他の国際条約

　以上のように，気候変動の緩和や適応等をめぐる国際的対処は主に国連気候変動条約体制の下で進展しつつあるが，気候変動問題には他の様々な国際条約が広く関わりを有している点も十分認識される必要がある。

　第 1 に，**オゾン層保護に関するウイーン条約**（1985 年）・**モントリオール議定書**（1987 年）のよ

うに，大気中の温室効果ガスの削減にも寄与している条約は他にも存在する。モントリオール議定書の下では，オゾン層破壊物質であるクロロフルオロカーボン（CFC）類やハイドロクロロフルオロカーボン（HCFC）類等の生産・消費等を段階的に規制してきたが，これらの物質は温室効果ガスでもあるため，結果として温室効果ガス増加の抑制にも貢献してきた。さらに，2016 年に採択された同議定書の改正により，CFC 類等の代替物質で近年生産量等が増えて

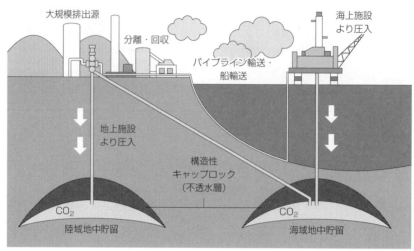

14-8　CCSの概要

大規模排出源

分離・回収

パイプライン輸送・船輸送

海上施設より圧入

地上施設より圧入

構造性
キャップロック
（不透水層）

CO_2
陸域地中貯留

CO_2
海域地中貯留

（出典：電源開発株式会社ウェブサイトをもとに作成）

いるハイドロフルオロカーボン（HFC）も規制されることとなったが，このHFCは温室効果を有する一方，オゾン層を破壊しない点で従来の議定書の規制物質とは異質である **14-7**。同改正に至り，今やモントリオール議定書は，単にオゾン層の保護のみならず，地球温暖化の緩和もその射程に明確に含む形で発展しつつある。

　第2に，気候変動対策が他の条約の目的実現を阻害する場合もありえ，そうした場合には当該対策をいかに規律するかが問われうる。たとえば，火力発電所等から発生した二酸化炭素を回収し地下に貯留する，いわゆるCCS（Carbon Capture and Storage）**14-8**は，パリ協定の目標を達成するためにも重要な温暖化防止技術として期待されている。しかし，海上施設等から海底に二酸化炭素を注入し貯留する場合には，大規模な漏洩等による海洋環境へのリスクも懸念され，今日の国際法上厳しく制限されている海洋投棄にあたるのではないかという点が問題となった。海洋投棄とは，廃棄物やその他の物を処分のために船舶や海上施設等から海洋に投入する行為等を指し，現在では海洋投棄に関するロンドン条約議定書（1996年）の下で原則として禁止されている。ただし，有害性が低いと考えられる一定の物のカテゴリー（たとえば浚渫物〔海底等の土砂〕）が予めリスト化され

ており，それらについては事前に環境への影響評価を行うこと等を条件に，例外として各国当局の許可の下で実施することができる。二酸化炭素は当初このリストには掲載されていなかったが，2006年にCCSを想定してリストに追加するための改正がなされた。その結果，今日では同議定書の下においても，各国当局の許可制の下で，海上施設等からの二酸化炭素の海底への注入・貯留を実施しうることが明確となった。

　このように，気候変動対策の内容によっては，他の国際条約が保護しようとしている利益との調整が問題となりうる。他にも，気候変動への対処として特に発展途上国内の森林対策の実施に経済的なインセンティブを与えることを目的とした，REDD＋（レッドプラス）と呼ばれる国際的なメカニズムが整備されつつあるが，そうした対策の実施にあたっては，地域の生態系や住民の人権などに悪影響がないよう配慮が求められる（そうした悪影響を回避するための措置は「セーフガード」と呼ばれている）。

　また，気候変動対策と自由貿易に関する国際ルールとの整合性が問題とされる事案も実際に生じている。たとえば，カナダ・オンタリオ州が2009年に導入した再生可能エネルギーの固定価格買取制度は，発電設備について同州産品の優先使用の要求を含んでいたため，太陽光パ

ネル等を生産する国外企業が同州向けの輸出において不利な扱いを受けている点が問題となった。この制度をめぐる国際紛争はWTO（世界貿易機関）の紛争処理機関に付託され，WTOの関連協定が定める内国民待遇原則（輸入品は同種の国内産品と同等に取り扱うべしとする原則）等の違反が認定された。

Column

難民条約と気候避難民

　難民の扱いに関しては，地球規模の条約として，難民の地位に関する条約（1951年）・同議定書（1967年）（一般に難民条約と総称される）が締結されているが，気候変動による悪影響を理由に国外に出た者については，同条約上の「難民」の定義に該当するかどうかがそもそも問題となる。同条約の定義には，「人種，宗教，国籍若しくは特定の社会的集団の構成員であること又は政治的意見を理由に迫害を受けるおそれがあるという十分に理由のある恐怖を有するために，外にいる者であつて，その国籍国の保護を受けることができないもの」との文言が含まれているが，気候変動の影響に曝されること自体を「迫害」と解することは難しく，また仮に「迫害」だといえても，気候変動の影響は一般に無差別であり，条約の挙げる事項を理由とするとの主張は困難である。避難者が属する特定の集団を狙いうちにして母国が適応策を実施しない等といった稀な状況がない限り，これらの条約の適用は考えにくい。さらにいえば，自国の外に出ないいわゆる国内避難民も対象外である。これらの人々については，上記の条約の外で保護が模索されている。

　第3に，想定されている気候変動の悪影響は，国際法の基本的な制度に関わる課題すら提起しつつある。たとえば，海面上昇によってある国の領土が全て水没した場合に，当該国も法的に消滅すると解すべきかどうかといった論点まで学説では議論されるようになっている。また，より現実的だともいえる問題として，気候変動に起因する避難民の処遇があり，既存の難民条約や人権条約等による保護の限界とその克服の方途が論じられるようになっている（⇨*Column*）。

　このように今日人類が直面している気候変動問題は，国連気候変動条約体制のみならず，より広く様々な国際法制度の課題を提起しつつあるのである。

4 国内実施の重要性

　最後に，パリ協定の掲げる気温目標の実現のためには，各国の国内実施が不可欠であることを確認しておきたい。すなわち，各国がパリ協定等の下での義務や約束を，国内法令を通じて的確に実施していくことが求められる。他の多くの国際環境問題と同様，気候変動への対処には国際法と国内法との協働が不可欠なのである。

14-9 温暖化対策に関わる日本の主要な国内法令

①日本の温暖化対策の枠組法
・地球温暖化対策の推進に関する法律（地球温暖化対策推進法）（1998年）
②省エネ関連法
・エネルギーの使用の合理化等に関する法律（省エネ法）（1979年）
・建築物のエネルギー消費性能の向上に関する法律（建築物省エネ法）（2015年）
③再生可能エネルギー等関連法
・新エネルギー利用等の促進に関する特別措置法（新エネルギー法）（1997年）
・電気事業者による新エネルギー等の利用に関する特別措置法（RPS法）（2002年：2012年廃止）
・エネルギー供給事業者による非化石エネルギー源の利用及び化石エネルギー原料の有効な利用の促進に関する法律（エネルギー供給構造高度化法）（2009年）
・電気事業者による再生可能エネルギー電気の調達に関する特別措置法（再エネ特措法）（2011年）
④適応策関連法
・気候変動適応法（2018年）
⑤フロン類関連法
・特定物質の規制等によるオゾン層の保護に関する法律（オゾン層保護法）（1988年）
・フロン類の使用の合理化及び管理の適正化に関する法律（フロン排出抑制法）（2001年）
⑥その他
・国等における温室効果ガス等の排出の削減に配慮した契約の推進に関する法律（環境配慮契約法）（2007年）
・都市の低炭素化の促進に関する法律（エコまち法）（2012年）　等

日本では，国連気候変動条約体制の発展に伴って，地球温暖化対策法をはじめ，省エネルギー関連，再生可能エネルギー関連等の様々な法令を通じて，気候変動対策を総合的に推進してきた⓮-⓯。その特徴として，産業界の行動計画（たとえば経団連の低炭素社会実行計画）等を通じた自主的取組が重視されている点や，**排出量取引**（関連主体間で排出量〔排出枠〕の売買を認める制度）等の経済的手法の活用の程度が低い点等が挙げられている。気候変動分野では，国家間，国内，あるいは地方において，試行錯誤の中で採用されている政策・制度が相互に参照され，また取捨選択されながら取組みが展開しつつある。たとえば，排出量取引の制度は，前述のように国家間の制度として京都議定書でも採用されたが，元々は米国国内に先例があった制度であり，またその後も欧州域内や一部の国内でも導入されるようになった。日本では，国レベルでの本格的導入は今後の検討課題である。しかし，東京都では，既に制度化されている（⇨*Column*）。

日本も，国家間や他国で先行して採用されている政策・制度も参考にしつつ，また他方では温暖化対策における優れた実践の模範を国際社会に提供すべく，脱炭素社会の実現に向けて取組みの一層前進を図っていく必要があろう。そしてその際には，国連気候変動条約体制下の義務・約束に加えて，関連するその他の国際法のルールとの整合性にも配慮を要する。

━━ Column ━━━━━━━━━━

東京都の排出量取引制度

　東京都では，2010年度より排出量取引制度が実施されている。原油換算で年間エネルギー使用量が1500 kℓ以上の事業所は，温室効果ガスの排出について一定の削減率を達成しなければならないが，この削減義務を実施するにあたっては，他の事業所が達成した削減量等を取引で取得し利用することも認められている。このように，排出量に一定の上限（キャップ）を設定したうえで，その達成に利用しうる余剰削減量等の取引（トレード）を認める制度は，一般にキャップ&トレード制度と呼ばれている。社会全体として効率的な排出削減が進むことが期待され，国レベルでの導入も重要な検討課題となっている。

━━━━━━━━━━━━━

┃**参考文献**

• 小西雅子『地球温暖化は解決できるのか—パリ協定から未来へ！』（岩波ジュニア新書，2016年）
• 人間環境問題研究会『新たな地球温暖化防止・エネルギー法政等の展開と課題—パリ協定の実現に向けて（環境法研究第43号）』（有斐閣，2018年）
• D. Bodansky, J. Brunnée and L. Rajamani., International Climate Change Law (Oxford, 2017).

海の生物の危機に立ち向かう
—— 海洋生物資源の保全と海洋生態系の保護

1 海洋生物資源の管理と国際法

「海洋生物資源（marine living resources）」とは，資源として捕獲・利用の対象となる海の生物種を指し，サンマやマグロといった魚類やクジラなどの海洋哺乳動物を含む。前章で扱った気候変動分野とは対照的に，各国の水産業の対象となる海洋生物資源に関わる国際法の発展はより古い歴史を有する。たとえば，既に19世紀末には，アラスカ沖合のベーリング海のオットセイの管理をめぐる米国・英国間の紛争が，国際裁判に付託されている（⇨*Column*）。とりわけ，人為的に設定される海域を越えて分布・回遊する海洋生物資源に関しては，当該資源やそれに関わる管轄権を関係国間でいかに配分・調整するかが比較的早い時期から論点となり，条約の締結等を通じて，国際的なルールが次第に発展してきた 15-1 。こうした条約は，通常資源管理を通じた漁業の発展・維持を目的としていることから，一般に漁業条約と呼ばれることが多い。日本国内の海洋生物資源管理も，基本的には漁業法等，水産庁所管の法令に基づいて実施されている。こうしたことから，環境法

の教科書である本書において，海洋生物資源の管理を扱うことについては，もしかすると違和感をもつ読者がいるかもしれない。

しかし，1980年代から1990年代頃にかけて，環境保護に関わる国際法のルールが発展し，それらの総体が「国際環境法」と呼ばれるようになってからは，海洋生物資源の管理に関する国際ルールもその一部として議論されることが増えている。海洋環境の一構成要素としてそれらの資源を把握する見方が国際社会で強まっていること等がその背景にあり，近年では資源の持続的利用の実現や関係する生態系の保護（⇨*Chapter 10*）も，海洋生物資源の国際的な管理にあたっての重要な課題となっている。本章では，こうした近年の動向に特に焦点を当てながら，海洋生物資源の管理に関わる国際法の発展を扱う。まずは，最近日本が国際裁判の当事

Column

ベーリング海オットセイ事件

当時米国は，アラスカとその周辺に繁殖するオットセイにつき，許可なく捕獲することを禁止する国内法を制定する等して管理していたが，これらのオットセイは米国の領海（当時3カイリ〔約5.5km〕）を越えて公海まで遊泳しており，英国漁船（当時英国の植民地であったカナダ漁船）も捕獲していた。そして1886年に米国が，公海で操業していた英国漁船を上記国内法の違反を理由に拿捕・処罰したため，英国との間で紛争となった。1893年に下された国際仲裁裁判の判決は，概ね英国の主張を支持し，米国が公海上で管轄権を行使する根拠を否定したが，他方で両国に対して捕獲等に関わる一定の規制措置も指示した。

その後，関連海域のオットセイの保存と配分のため，関係国間で条約が締結される契機となった。

15-1 **海洋生物資源の管理に関わる主要な国際条約等**

① **国連海洋法条約と実施協定**：海の資源管理や環境保護の一般的規則を定める
国連海洋法条約（1982年）／国連公海漁業協定（1995年）

② **多数国間漁業条約**：特定の生物種あるいは地域の具体的な管理を実施
国際捕鯨取締条約（1946年）／ミナミマグロ保存条約（1994年）等，マグロ類の保存に関する諸条約／南極海洋生物資源保存条約（1982年）等，その他の漁業条約

③ **二国間漁業条約**：二国間で具体的な管理を実施
日中漁業協定（1997年）／日韓漁業協定（1998年）等

④ **環境条約**：環境保護を目的とする規則を定めるもの
ワシントン条約（1973年）／生物多様性条約（1992年）等

⑤ **ソフトロー文書**：法的拘束力はないが広く支持された国際規範を定めるもの
FAO（国連食糧農業機関）・責任ある漁業行動規範（1995年）等

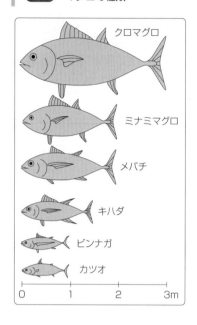

クロマグロ（Atlantic Bluefin Tuna/Pacific Bluefin Tuna）：
　地中海を含む大西洋，太平洋の主として北半球に分布（大西洋と太平洋で別種）。本マグロとも呼ばれ，マグロ類の中でも最高級品とされる。インド洋には分布しない。主に刺身に利用。

ミナミマグロ（Southern Bluefin Tuna）：
　南半球の高緯度海域を中心に分布。インドマグロとも呼ばれ，クロマグロに次ぐ高級品とされる。主に刺身に利用。

メバチ（Bigeye Tuna）：
　世界中の温帯から熱帯の海域に分布。目玉が大きくぱっちりしていることから目鉢マグロと呼ばれる。主に刺身に利用。

キハダ（Yellowfin Tuna）：
　メバチとほぼ同じ海域に分布。体色が黄色味がかっていることから黄肌マグロと呼ばれる。刺身及び缶詰に利用。

ビンナガ（Albacore）：
　世界中の海に広く分布する小型のマグロ。長い刀状の胸びれが特徴で油漬けの缶詰の原料になる。最近は刺身にも利用される。ビンチョウ，トンボとも呼ばれる。

カツオ（Skipjack）：
　世界中の海に広く分布し，特に南方水域では一年中獲られる。腹側に濃青色のしまが入っているのが特徴。かつおは用途が広く，刺身，タタキ，節，缶詰等に利用される。

国となった2つの事件をとりあげながら，今日の国際社会において，海洋生物資源をめぐって現実にどのような争いが生じているのか，具体的に見ていくこととしよう。

2　ミナミマグロ事件

　1つ目の事件は，マグロの一種であるミナミマグロ 15-2 をめぐる紛争である。ミナミマグロは南半球の高緯度海域に生息し，漁獲されたものの多くが日本で消費されている比較的高級なマグロである。この魚種については，1970年代後半頃には資源状況の悪化が懸念されるようになり，1985年には主要な漁業国であった日本・豪州・ニュージーランドが自主的な協力の枠組を形成し，年間の漁獲量の上限である総漁獲可能量（TAC）と，それを各国に配分した国別割当量について合意するようになった。さらに同3か国は，この枠組を発展させる形で1993年にミナミマグロ保存条約を締結し，ミナミマグロ保存委員会（CCSBT）を設立した。CCSBT には，TAC と国別割当量を決定する権限が付与されるなど，ミナミマグロの国際的管理における主要な意思決定機関としての役割が与えられた 15-3 。

　ところが，その後まもなくして，資源が回復傾向にあるとして漁獲量の増大を主張する日本と，それに反対する豪州・ニュージーランドの間で対立が深刻化し，1998年には TAC や国別割当量が決定できない状況に陥った。そして，日本側は，資源状況に関する科学的不確実性の削減を図るべく調査漁獲の実施を計画し，それが資源に悪影響だとする豪州らとの合意を得ないまま，1998年の試験的な調査漁獲を経て，1999年に3年計画の調査を一方的に実施するに至った。これに対して，豪州・ニュージーランドは，同年，公海漁業に関する協力義務や保存義務を定める国連海洋法条約64条並びに116条から119条の違反を主張して，同条約付属書Ⅶが定める仲裁裁判所に提訴し，併せて国際海洋法裁判所に当該調査漁獲の停止等を内容とする暫定措置を要請した。その結果，国際海洋法裁判所は，過去に設定されていた国別割当量を超えた調査漁獲を控えること等を内容とする暫定措置を命令したが，その後，仲裁裁判所は本件に対する裁判管轄権を否定したため，結局日本による条約違反の有無等について裁判所が判断を示すことはなかった（⇨**Column**）。

　このように，海洋生物資源の持続的利用が重

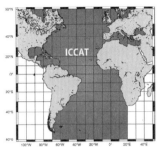

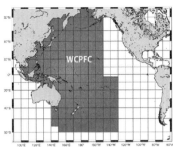

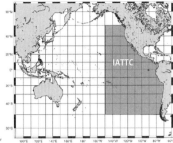

ICCAT（大西洋まぐろ類保存国際委員会）　WCPFC（中西部太平洋まぐろ類委員会）　IATTC（全米熱帯まぐろ類委員会）

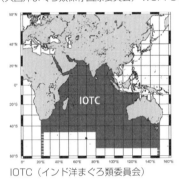

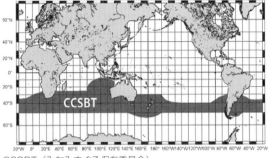

IOTC（インド洋まぐろ類委員会）　　　CCSBT（みなみまぐろ保存委員会）

（出典：水産庁ウェブサイト）

Chapter

15

海の生物の危機に立ち向かう

Column

国連海洋法条約の紛争処理手続

　「海の憲法」とも称される国連海洋法条約は，海洋生物資源に関する各国の権利や，その保存・協力の義務についての一般的規定を含むが，特徴的な紛争処理手続も整備している。すなわち，同条約の解釈適用については，紛争当事者が合意に基づいて選択する平和的な手段によって処理することがまず求められ（279条以下），そうした任意の手続で解決に至らない場合には，一方の紛争当事者の要請で，特定の国際裁判所のいずれかに紛争を付託できる（286条以下。ただし一定の紛争は除外される）。本文にある「附属書Ⅶが定める仲裁裁判所」はそうした裁判所の1つであり，ミナミマグロ事件ではこの仲裁裁判所に訴えがおこされた。だが同裁判所は，ミナミマグロ保存条約が任意の手続での解決を求めていることから，同条約の当事国は286条以下の手続の適用を排除していると述べ，自らの裁判管轄権を否定したのである。

　なお，上記の仲裁裁判所が組織されるまでの間（同裁判所は常設ではなく事件ごとに組織される）に，回復できない権利侵害や海洋汚染等が生じてしまっては，裁判を行うことの意味が失われかねない。そこで紛争当事国は，国際海洋法裁判所という別の常設裁判所に対して，自らの権利保全等を目的とした仮の措置を命ずるよう要請でき（290条），ミナミマグロ事件でも一定の措置が実際に命令された。しかし，これはあくまで暫定的な命令であり，その後自らの裁判管轄権を否定した上記の仲裁裁判所により取り消された。❶

要な課題となっている今日の漁業条約の下では，資源状況に対する関係国間の科学的評価の対立が，資源管理の機能不全や国際紛争の深刻化をもたらしうる。この点につき，1980年代半ば頃より環境法分野で登場した予防原則が，1990年代半ばには「予防的アプローチ」と呼ばれて国際漁業管理においても次第に支持され，関連の様々な国際文書で明文化されるようになっている。漁業分野における予防的アプローチは，管理に必要な科学的知見が不足していたり，科学者の意見が対立しているといった状況でも，資源が崩壊しないように慎重な意思決定を行うことを要請する。上述の暫定措置命令は，明示的には同アプローチに言及していないが，日本の調査漁獲の資源への影響について当事国間で科学的見解が対立する状況にあったこと等を指摘したうえで，「この状況において，当事国は賢慮と慎重さをもって行動し，ミナミマグロの当該資源に対する深刻な損害を防止するよう，効果的な保存措置がとられることを確保するべきである」（パラグラフ77）と述べ，同アプローチの採用が紛争当事国に求められることを示唆

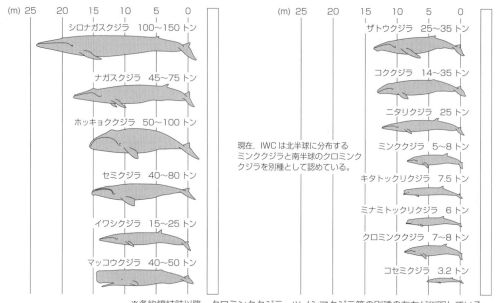

15-4 捕鯨取締条約の対象鯨類（大型鯨類）

シロナガスクジラ　100〜150トン
ナガスクジラ　45〜75トン
ホッキョククジラ　50〜100トン
セミクジラ　40〜80トン
イワシクジラ　15〜25トン
マッコウクジラ　40〜50トン

ザトウクジラ　25〜35トン
コククジラ　14〜35トン
ニタリクジラ　25トン
ミンククジラ　5〜8トン
キタトックリクジラ　7.5トン
ミナミトックリクジラ　6トン
クロミンククジラ　7〜8トン
コセミクジラ　3.2トン

現在，IWCは北半球に分布するミンククジラと南半球のクロミンククジラを別種として認めている。

※条約締結時以降，クロミンククジラ，ツノシマクジラ等の別種の存在が判明している。

IWC管理対象外鯨類（小型鯨類）
ツチクジラ，コビレゴンドウ，その他多くのイルカ類を小型鯨類といい，IWCの管理外です。イルカとは普通，体長4メートル以下の鯨を指します。

ツチクジラ　9〜13トン
コビレゴンドウ　1〜2トン
イシイルカ　0.1〜0.2トン

（出典：水産庁『捕鯨をめぐる情勢』をもとに作成）

していた。そしてその後ミナミマグロ保存条約の下では，限られた情報（たとえば「延縄（はえなわ）」を用いた漁法による漁獲量に関わるデータ）から安全なTACを自動的に決定するための規則（Management Procedure：管理方式）が2011年に採用され，実際にTACの決定に活用されるようになっているが，この方式は予防的アプローチに整合的な意思決定を実現するものと評価されている。

3 南極海捕鯨事件

　もう1つの事件は，南極海で実施されていた日本の調査捕鯨計画をめぐる紛争である。鯨類の国際的管理に関しては1946年の国際捕鯨取締条約の締結により，**国際捕鯨委員会（IWC）**が設立され，同条約の附属文書である付表の改正を通じて捕鯨を規律する具体的な規則が発展し

てきた。そうした付表の改正として特に重要なものとして，1982年に採択された**商業捕鯨の一時停止（モラトリアム）**があり，今日では条約対象鯨類**15-4**の捕鯨は原則として禁止されている。しかし，同条約8条は，科学的な研究を目的とする捕鯨の許可を与えることを各国に明文で認めていたことから，日本は同条を根拠に，南極海および北西太平洋において一般に調査捕鯨と称される捕鯨をその後も許可してきたのである（なお条約規制対象外の小型鯨類〔ツチクジラ等〕については，日本は沿岸での商業捕鯨を継続してきた）。

　ところが，この8条を根拠とする日本の捕鯨に対して批判的な立場をとっていた豪州は，日本の許可の下で南極海で実施されていた調査捕鯨計画（JARPA II）について，科学的研究のための捕鯨とはいえない等として日本の条約違反

を主張し，2010年に国際司法裁判所に提訴した（ニュージーランドも訴訟に参加）。そして裁判所は，2014年に下した判決において，同計画で掲げられている研究の目的に照らして，計画の内容や実施の実態に様々な不合理な点を見出しうることを理由に，JARPA Ⅱの捕鯨は科学的研究を目的としているとはいえず，8条の範囲内の捕鯨とはいえない等と判示した C-28 。鯨類の生態や種間の相互関係等に関する科学的知見を高めるための活動自体は，鯨類のより効果的な国際管理の実現に資するという意味においても，条約目的と整合的で，明文でも認められた正当な行為である。しかし，商業捕鯨の一時停止等の採択を通じて捕鯨が厳格に制限されているなかで，8条がそうした制限の抜け道とならないよう，調査計画の設計や実施の合理性が厳しく問われるようになっているのだといえよう。

なお，国際捕鯨取締条約の下では，限られた情報に基づいて安全にTACを算定する管理方式（改訂管理方式〔RMP〕）が，前述したミナミマグロの管理方式に先行して策定されていた。しかし，この方式を活用した商業捕鯨の再開は，現実化していなかった。鯨類については，そもそも捕獲・殺害を伴う利用の対象とすべきかどうかというレベルで争いもみられ，関係国間の妥協を一層困難としてきた。上記の判決後も日本は，判決内容を踏まえて新たな調査計画を策定し，南極海でも北東大西洋でも調査捕鯨の継続を認めていたが，2018年末，ついに国際捕鯨取締条約からの脱退を通告するに至った。脱退の効力が生じた2019年6月末以後は，自国の排他的経済水域の内側で商業捕鯨を再開している C-26 。この脱退により，上記の商業捕鯨の一時停止等，国際捕鯨取締条約上の義務に日本は拘束されないことは確かだが，たとえば国連海洋法条約にも鯨類に関わる規定があり，引き続きそれらを遵守する必要がある点には注意を要する。たとえば同条約の65条によれば，鯨類については「適当な国際機関」を通じて保存・管理・研究を進めるとされている。したがって，それに該当する機関と何らのかかわりな

く捕鯨を行うことは，同条に反する。

以上の2つの事件からも窺えるように，今日の海洋生物資源をめぐる国家間の紛争は，資源の開発・管理に関する権利の所在やその調整に関わるものに限られない。資源状況等につき科学的不確実性が残る状況下において，（調査目的のものも含め）いかに漁獲・捕獲を管理していくべきかという課題にも国際社会は直面しており，時に国家間の争いを生じさせているのである。

4 海洋生物資源とワシントン条約

先に言及したミナミマグロ保存条約も国際捕鯨取締条約も，海洋生物資源の漁獲・捕獲を規律する条約であるが，他にも様々な地域や魚種について同様の条約が締結され，各条約の下で前述のCCSBTのような地域漁業管理機関（RFMO）が個別に設立されている。海洋生物資源の国際的管理は，基本的にはこうした各RFMOが定めるルールや措置を各締約国が実施することを通じて，具体的に進められている。しかし，環境保護を目的に締結されたいわゆる環境条約の中にも，海洋生物資源に関わる人間活動に規律を及ぼすものがみられる。その代表的なものが，**絶滅のおそれのある野生動植物の種の国際取引に関する条約**（ワシントン条約）である。

1973年に採択されたワシントン条約は，その名称が示す通り，絶滅のおそれのある生物種の標本（当該生物の個体並びにその一部若しくは派生物。生死の別を問わない）の国際取引を規制する条約である。象牙の輸出を目的に殺害されるアフリカゾウがその典型例であるように，野生生物やその部位を用いた製品の国際取引が，当該生物の個体数の減少の原因となっているとの問題認識が，この条約が採択された背景にある。同条約は，附属書と呼ばれる条約の附属文書に規制対象種をリスト化しており，絶滅のおそれがあり取引の影響を受けている又は受けるおそれがある種を附属書Ⅰに，現状では絶滅のおそれはないが，取引を規制しないと将来絶滅の可能性がある種を附属書Ⅱに掲載している（その

他各国が指定する種が掲載される附属書Ⅲもある）
（2条）。そして，附属書Ⅰ掲載種の標本について
は，たとえば学術研究を目的とした取引は可
能だが，「主として商業的目的」の取引は原則
禁止され，また取引にあたっては輸出国・輸入
国双方の許可書が必要となる（3条）。また，附
属書Ⅱ掲載種の標本については，商業目的の取
引も可能だが，輸出国政府の発行する輸出許可
書等が必要である（4条）。なお締約国は，附属
書に記載される生物種について留保を付すこと
が可能であり，その場合，当該種については条
約上の規制に従わないことが許される（23条。
なお，他にも規制から除外される場合があるがここ
では省略する）。

　以上がワシントン条約による規制の概要であ
るが，その規制は海洋生物資源にも及びうる点
が，ここでは重要である。第1に，附属書に掲
載されうる種には，海洋生物も含まれる。第2
に，ワシントン条約が規制する取引には，生物
種の標本の輸出入（及び再輸出）のみならず，
国の管轄水域に当たらない場所（基本的に想定
されるのは公海である）で捕獲した生物種の標本
を国に持ち込む行為（「海からの持込み」）も含ま
れる。したがって，海洋生物が附属書に掲載さ
れれば，当該種の標本の輸出入はもちろんのこ
と，公海で漁獲してそれを持ち込む行為も規制
されることになる。

　実際のところ，現行の附属書にもいくつかの
海洋生物が掲載されている┃15-5┃。一例として，
近年日本との関わりでワシントン条約体制下で
実際に議論になったものとして，北太平洋海域
のイワシクジラを挙げることができる。前述し
た日本の調査捕鯨では，北太平洋でイワシクジ
ラも捕獲していたが，このクジラはワシントン
条約附属書Ⅰに掲載されており，また北太平洋
に生息する同種の掲載につき日本は留保をして
いない。そこで日本のこの行為が，附属書Ⅰ掲
載種について禁止されている，「主として商業
的目的」のための取引（海からの持込み）に該当
するか否かが問題となった。ワシントン条約の
第70回常設委員会（2018年）は，調査の副産
物であるイワシクジラの肉が市場で販売されて
いる事実等を踏まえ，「主として商業的目的」
の取引が含まれると判断し，日本に是正措置を
勧告したのである（なお，国際捕鯨取締条約脱退
後に日本が再開した商業捕鯨は，日本の排他的経済
水域以内で実施されており，ワシントン条約による
規律の対象外である）。

　また，現状では附属書に掲載されていなくて
も，漁業条約による資源管理に事実上の影響を
与える場合もありうる。そうした実例と理解で
きるのが，大西洋クロマグロのケースである。
大西洋クロマグロの資源管理については，大西
洋マグロ類保存条約によりRFMOとして大西
洋マグロ類保存国際委員会（ICCAT）が設立され
ている。しかし，2010年に開催されたワシン
トン条約第15回締約国会議において，ICCAT
による管理は不十分だと主張する国より，同種
を附属書Ⅰに掲載する提案がなされた。結果的
にはこの提案は否決されたが，その後の
ICCATにおける一定の規制強化に影響したと
考えられる。より最近では，似たような動きが，
たとえばニホンウナギについて指摘され，東ア
ジア地域での同種の国際的な管理体制の構築が
課題となっている。

　このように，既存の漁業条約の下で資源管理
が必ずしも十分とはいえない状況において，環
境条約であるワシントン条約にいわば補完的な
役割を求める動きもみられるのである。

5 海洋生態系の保護

　海洋生物資源の国際管理に関わる近年のもう1つの重要な動向は，漁業活動からの海洋生態系の保護の要請である。この点につき，漁獲による漁獲対象種の減少が他の関連種等に与える悪影響にも配慮すべきだとの規範意識は，比較的早くから登場していた（たとえば，国連海洋法条約61条4項）。だが近年では，漁獲対象種以外の生物種や海洋生態系に対して，漁業活動がより直接的に悪影響を与えないよう配慮することも求められるようになっている。

　第1に，漁獲の直接の対象ではない海鳥，海亀，サメ等の生物種の混獲の規制が発展しつつある。たとえば，マグロのはえ縄漁業では，釣り針に付いた餌を食べようとする海鳥が漁具に巻き込まれ死亡することがある。そこで関連のRFMOでは，海鳥の接近を抑止する装置（たとえばトリライン。**15-7**参照）の利用を求める等，回避手段を指示し混獲の抑制を図るようになっている。第2に，希少な種や成長の遅い種が含まれる等，漁業活動に対して脆弱と考えられる海洋生態系（VME：Vulnerable Marine Ecosystem）を特定し，当該VMEの保護を図るRFMOがみられる。特に深海の底魚を漁獲する漁業については，底引き網等の漁具の接触による海底の生物（冷水性サンゴ等）の損壊が懸念される。そこで，底魚漁業を管理するRFMO（南極海洋生物資源保存条約が設立するCCAMLR等）では，一定の漁具の利用の禁止や，VMEの存在が確認された水域への禁漁区の設定等の措置を導入している **15-6** **15-7**。

　このように，具体的な規制内容は様々だが，生態系にも配慮すべしとする資源管理の一般的指針は，今日「**生態系アプローチ**」と呼ばれている。この生態系アプローチを実現するための規制手法の1つとして近年特に注目されているのが，**海洋保護区の設定である** **15-8**。陸上の自然保護においては，国内法上も国際法上も，保護区（⇨*Chapter 10*）の利用が広く見受けられるが，今日では海洋環境の保護のためにもその有効性が認識されるようになっている

◆はえ縄漁：幹縄と呼ばれる一本の縄に，枝縄と呼ばれる多数の縄を付け，枝縄の先端に釣針を付けた漁具をはえ縄といい，これを長い距離にわたって海に投入して行う漁法。たとえば遠洋マグロはえ縄の幹縄の長さは，数十kmにも及ぶ。

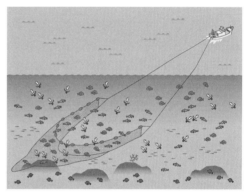

◆底引き網漁：網を海底に接着させ，船舶で曳航して行う漁法を指す。トロール漁とも呼ばれ，主に海底付近に生息する魚類や甲殻類等の漁獲に用いられる。

（出典：水産庁ウェブサイト）

（⇨*Column*）。たとえば，2010年に生物多様性条約（⇨*Chapter 10*）（1992年）の締約国会議が採択した「愛知目標」は，2020年までに沿岸域および海域の10％を海洋保護区等の手段で保全することを求めている。もっとも，各国の管轄水域（領海・排他的経済水域）に設定されるにせよ，公海に設定されるにせよ，保護区は国連海洋法条約等が定める国際法の関連ルールと整合的でなければならない。こうした国際法による規律は，少なくとも保護区の設定のプロセスにも及びうる。インド洋のチャゴス諸島に英国が設定した保護区に関してモーリシャス共和国が争ったチャゴス諸島事件の仲裁判決（2015年）では，英国が保護区の設定プロセスにおい

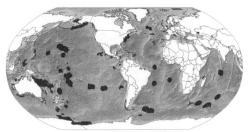

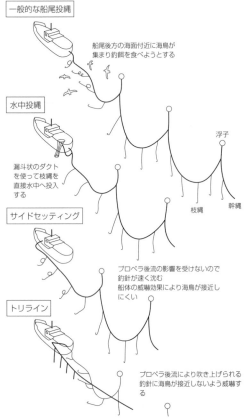

15-7　海鳥の混獲回避手段の例

一般的な船尾投縄

船尾後方の海面付近に海鳥が
集まり釣餌を食べようとする

水中投縄

漏斗状のダクトを使って枝縄を
直接水中へ投入する

浮子

サイドセッティング

プロペラ後流の影響を受けないので
釣針が速く沈む
船体の威嚇効果により海鳥が接近し
にくい

枝縄　　幹縄

トリライン

プロペラ後流により吹き上げられる
釣針に海鳥が接近しないよう威嚇す
る

（出典：国立研究開発法人水産研究・教育機構『平成27年
国際漁業資源の現況』をもとに作成）

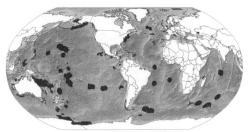

15-8　世界の海洋保護区

2018年9月時点で世界の海の7%強が、何らかの保護区に指定されている（図の色の濃い部分）。

（出典：Protected Planet）

~~~~~~~ *Column* ~~~~~~~

国際条約における保護区の活用

　生物やその生息地の保護の手段として、国際条約においても保護区の活用がみられる。たとえば、国際的に重要な地域の登録と保護を求める湿地保全に関するラムサール条約（1971年）や世界遺産条約（1972年）を挙げることができ、それらは海域も含みうる。また、海域に特化したものとして、漁業条約の下でしばしば設定される禁漁区や、船舶起因海洋汚染防止に関するMARPOL条約（1973年）の特別水域の制度等がある。海洋保護区については国際法上必ずしも一律の定義はなく、海洋環境の保護に関わる様々な条約の下で特に指定され、特別に保護される海域が、海洋保護区として総称される傾向がある。

~~~~~~~~~~~~~~~~~~~~~~~~~~~~

てモーリシャス共和国の権利に妥当な考慮を払わなかったこと等を理由に、英国の国際法違反（国連海洋法条約2条3項、56条2項、194条4項の違反）が認定されている。

6　IUU漁業への対処

　以上見てきたように、今日の国際漁業管理においては、海洋環境保護・生態系保護といった価値やその実現のための規範（予防的アプローチ、生態系アプローチ、ワシントン条約の諸ルール等）の尊重も要請されつつある。そうした価値や規範の一層の実現には、さらに具体的なルールを発展させていくことが依然として課題である一方、定められたルールの遵守を確保することも当然不可欠である。後者の課題は、IUU漁業問題と総称され、今日においても、効果的な対策が模索されている。最後にこの点に関する国

際法の発展に触れて、本章の結びとしたい。

　IUU漁業とは、Illegal（違法）、Unreported（無報告）、Unregulated（無規制）の頭文字を用いた表現であり、国際法や各国の国内法の関連ルールに反する無秩序な漁業を広く指す（より詳細な定義の例についてはFAO・IUU漁業行動計画（2001年）等を参照のこと）。たとえば、漁業条約で設立されたRFMOの下で資源を保存するためのルールが定められていても、当該条約の締約国による自国漁船の管理が不十分であったり、あるいは当該条約の非締約国に登録を移して操業を行う漁船が存在する等の問題が生じている。こうしたIUU漁業は、過剰な漁獲をもたらすことで資源の直接的な脅威となるのみならず、漁獲データに依拠している資源状態の評価の不確実性を増大させることにもつながり、その意味でも効果的な資源管理を阻害する。また、ルールを遵守している漁業者に経済的な損失をもたらすことにもつながることから、その

抑止が国際的な課題となっている。

IUU漁業への対処としては，漁船の旗国（登録国）や沿岸国による取締 C-27 の強化ももちろん重要であるが，そうした国々の能力や意思には限界もあることから，IUU漁業の抑止につながるような様々な取組がさらに採用されつつある。たとえば，マグロ類に関するRFMOでは，規則を遵守している漁船あるいはIUU漁業を行っている漁船のリスト化がなされ，漁獲物の輸入を制限する等の措置が導入されている。また，IUU漁業の防止・抑止・排除のための**寄港国措置に関する協定**（以下，寄港国措置協定）が2009年に採択され，締約国は，自国の港への入港を望む船舶がIUU漁業に従事した十分な証拠がある場合（たとえば，上述のRFMOのIUU漁業従事船舶のリストに含まれる場合）は，同船の入港を拒否し（9条），また入港した船舶がIUU漁業に従事したと信じる根拠がある場合等は，漁獲物の水揚げや補給等のために港を使用することを拒否しなければならない（11条，18条）。

このように，違法な漁獲物からの経済的利益の獲得や，そのための操業に必要な補給の機会を断つことで，IUU漁業のさらなる抑制が図られている。特に寄港国（漁船が入港した国）による取締りは，広大な洋上での取締りよりも，効率的・効果的であるのみならず安全でもある。

もちろん，こうした措置を実施しない国や，適切に実施する能力を欠くような国が存在すれば，漁船がそこに寄港地を移すことも考えられ（いわゆる便宜寄港の問題），関連国間での協調や支援等の協力も引き続き課題である。日本も2017年に寄港国措置協定に加入しており，漁業大国あるいは魚消費大国として，国内での同協定の的確な実施は当然であるし，それに加えて，世界のIUU漁業の撲滅に向けての主導的役割が期待されている。

┃参考文献

- 山本草二『国際漁業紛争と法』（玉川大学出版部，1976年）
- 中野秀樹・高橋紀夫（編）『魚たちとワシントン条約』（文一総合出版，2016年）
- 児矢野マリ（編）『漁業資源管理の法と政策』（信山社，2019年）

List of visual elements, terms & columns

■INDEX 索引■

ビジュアルテキスト環境法
"Visual" Textbook of Environmental Law

2020 年 4 月 10 日　初版第 1 刷発行

編　　集	上智大学環境法教授団	
発 行 者	江　草　貞　治	
発 行 所	株式会社 有　斐　閣	

郵便番号　101-0051
東京都千代田区神田神保町 2 -17
電話 (03) 3264-1314〔編集〕
(03) 3265-6811〔営業〕
http://www.yuhikaku.co.jp/

印刷／製本・大日本法令印刷株式会社
©2020, Sophia Corps of Environmental Law Professors.
Printed in Japan
落丁・乱丁本はお取替えいたします。
★定価はカバーに表示してあります。

ISBN 978-4-641-22787-3